花トレ初級編
これだけは知っておきたい
花の名前 300

監修 森田竜義

平凡社

[花トレ初級編]
これだけは知っておきたい花の名前300
CONTENTS

● 難易度1
日本人なら常識です❶❷❸ ……………………………………………………… 006
花壇や鉢植えでよく見かける花❶ ……………………………………………… 018

● 難易度2
花壇や鉢植えでよく見かける花❷❸❹ ………………………………………… 022
木に咲く身近な花❶❷ …………………………………………………………… 034
野原や林でよく見られる花 ……………………………………………………… 042
花の形が特徴的で、覚えやすい名前の花❶❷ ………………………………… 046

● 難易度3

花壇や鉢植えでよく見かける花 ❺❻ ……………………………………………… 054
木に咲く身近な花 ❸❹❺ ……………………………………………………… 062
野原や花壇でよく見かける花 ❶❷ …………………………………………… 074

● 難易度4

- 野原や道端でよく見かける花❶❷ ……………………………………………………… 082
- 野原や道端で見かける花 ………………………………………………………………… 090
- 野や山でよく見られる花 ………………………………………………………………… 094
- 花壇や鉢植えで見られる花 ……………………………………………………………… 098
- 花壇や鉢植え、庭園でときどき見られる花 …………………………………………… 102
- 野山でときどき見られる花 ……………………………………………………………… 106

INDEX ………………………………………………………………………………………… 110

花トレ300 ●この本の使い方

① 最初に問題を6題、左右2ページで出題します。
② それぞれの問題の解答は、次の左右2ページで解説します。
③ 問題のページ「Q」で写真を見て、ヒントや三択を参考に、何の花かを答えましょう。
④ 解答のページ「A」で答えを確認してください。
⑤ 間違えたところはくり返しチャレンジ！ すべての花の名前を覚えましょう。

1つの問題で複数の花が覚えられる！

- 問題のページ「Q」
- 問題の写真
- 三択
- 問題のヒント
- 解答のページ「A」
- 解答
- 解説
  名前の由来や花の特徴などが、解説されています。
- ミニコラム
  関連する「ひとこと知識」で、より深い情報が得られます。
- 解答の写真
  ※写真の説明がついているものは、同じ仲間や似ている別種の花です。
  ※写真の説明のないものは、同種の色違いなどです。

Q QUESTION
❶〜❻の花の名前を書きましょう。

日本人なら常識です ❶

難易度 1

❶

HINT
- 平安中期以降は、「花」といえばこの花のことを指すようになった。
- 「万葉集」、「古今和歌集」だけでなく、J-POPでも題材にされる。

❷

HINT
- 地下茎は、栄養豊富な根菜として知られる。茨城県産が特に有名。
- 「○○は泥より出でて泥に染まらず」

❸

HINT
- 種子から食用油を採るため、その名がついた。
- 総称して「菜の花」と呼ぶことが多い。
- 大根やキャベツなども同じ仲間で、花はよく似ている。

4

HINT
- 中国でも日本でも、古くから歌や詩、絵、文様の題材とされた花。
- 「ぼたもち」はこの花にちなんで名づけられた。
- 「立てばシャクヤク　座れば○○○　歩く姿はユリの花」

5

HINT
- 古くは「花」といえば、この花のこと。
- 中国では「歳寒の三友」として雪に耐える松、寒さの中まっすぐ育つ竹、春を一番に知らせるこの花を、清廉潔白な生き方のたとえとした。

6

HINT
- 「母の日」(5月の第2日曜日)に贈られる花。
- 日本の切り花の中ではバラ、キクに次ぐ生産量がある。

難易度 1

難易度 2

難易度 3

難易度 4

A ANSWER

日本人なら常識です ❶

難易度 1

❶ サクラ（ソメイヨシノ） 染井吉野（桜）

バラ科サクラ属 [花期] 春 [樹高] 約8m [花径] 3－4cm

花見の桜。明治初め頃に東京の染井村（現在の駒込）で作り出されたのが名前の由来。サクラには、ヤマザクラや八重咲きのヤエザクラなど多くの種類がある。サクランボとして食用になるのはセイヨウミザクラの実。

a ソメイヨシノ **b** ヤマザクラ **c** ヤエザクラ

❷ ハス 蓮

ハス科ハス属 [花期] 夏 [花径] 12－20cm

花の中央の黄色い部分が蜂の巣に似ていることから、古くは「ハチス」と呼ばれていた。種子の寿命が長く、日本では2000年以上も前の種子が掘り出され発芽している。地下茎は蓮根で、食用にされている。

❸ アブラナ 油菜

アブラナ科アブラナ属 [別名] ナノハナ [花期] 春 [草丈] 50－100cm [花径] 1－2cm

種子から菜種油が採れることが名前の由来。茎や葉も食用になる。大根、白菜、小松菜、カラシナ、チンゲンサイなどもこの仲間。オオアラセイトウ（ショカツサイ）も花の形がそっくり。

ひとこと知識

アブラナ科の花 アブラナの花には、花弁（花びら）が4枚、ガク片が4枚、おしべが6本、めしべが1本ある。植物の科は花の部品の数や構造によって分けられ、上記の部品数はアブラナ科の特徴。4枚の花弁が十字架に見えるので、昔は十字花科と呼ばれた。

a アブラナ **b** オオアラセイトウ

④ ボタン　　　　　　　　牡丹

ボタン科ボタン属　[花期] 冬〜春　[草丈] 60〜100cm　[花径] 15〜20cm

中国産の落葉低木。中国では「花王」と呼ばれ、古くから親しまれてきた。日本には、平安時代に空海（くうかい）が、薬用として唐から持ち帰ったといわれ、「枕草子」や「蜻蛉（かげろう）日記」にも登場している。

⑤ ウメ　　　　　　　　梅

バラ科サクラ属　[花期] 晩冬〜初春　[樹高] 2〜10m　[花径] 2.5cm

中国原産の落葉樹。日本には遣唐使によって伝えられ、春を告げる花として親しまれてきた。300品種以上あり、観賞用の「花ウメ」と食用の「実ウメ」に分けられる。

⑥ カーネーション

ナデシコ科ナデシコ属　[別名] オランダナデシコ、ジャコウナデシコ、オランダセキチク　[花期] 通年　[草丈] 40〜50cm　[花径] 3〜5cm

聖母マリアが、十字架にかけられるキリストを見送ったときに流した涙の跡に生じた花とされる。20世紀初め、アメリカで「母の日」が制定され、そのシンボルとなった。地中海沿岸原産で、多くは多年草。

ひとこと知識

八重咲き　カーネーションにはおしべやめしべがなく、種子ができない。もとはナデシコに似た花だったが、おしべやめしべが花弁に変わってしまった。「八重咲き」で、観賞用に作られた園芸品。ヤエザクラや多くのバラも八重咲きの品種である。

難易度 1

難易度 2

難易度 3

難易度 4

Q QUESTION
7～12の花の名前を書きましょう。

日本人なら常識です❷

7

HINT
- 秋を代表する花。それを表し、漢字は草冠（くさかんむり）に秋と書く。
- 秋の彼岸時期に咲くため、供える餅を「おはぎ」という。
- 仲秋の名月には、ススキや月見団子とともに供えることもある。

8

難易度 1

HINT
- 「いずれ○○○かカキツバタ」
- 花びらのつけ根の文様がその名の由来。

9

HINT
- 平安時代の「和名類聚抄（わみょうるいじゅしょう）」には「阿佐美」と記された。
- スコットランドの国花として知られている。

10

HINT
- 種子から油を採り、ヘアケアやスキンケアなどに用いられる。
- その名は「艶葉木(つやばき)」が転じたとされる。

11

HINT
- ゲンゲとも呼ばれる。
- 唱歌「春の小川」の歌詞、「岸のすみれや○○○の花に」。
- かつては水田に緑肥(りょくひ)として栽培されており、春の田園風景として親しまれた。

12

HINT
- 「大和○○○○」といえば、日本女性の美を称える言葉。
- わが子を撫(な)でるようにいつくしむ花というのが名前の由来。
- サッカーの日本女子代表の愛称。

A ANSWER

日本人なら常識です ❷

❼ ハギ　　　　　　　　　山萩

マメ科ハギ属 [花期]夏〜初秋 [草丈]1〜2m
[花長]約1.5cm [花序]約15cm

秋の七草の1つ。「万葉集」には数多くのハギの歌が見られ、古くから親しまれていたことがわかる。庭木などで多いのは花序が大きいミヤギノハギで、宮城県の県花に指定されている。ヤマハギはミヤギノハギに比べると葉が丸みをおびている。

a ヤマハギ　b ミヤギノハギ

❽ アヤメ　　　　　　　　　文目

アヤメ科アヤメ属 [花期]初夏 [草丈]30〜60cm [花径]約8cm

「いずれアヤメかカキツバタ」は甲乙つけがたい美しさを表した言葉。花もよく似ていて区別が難しいが、アヤメは野山に咲き湿地を好まない。花びらのつけ根の「文目(あやめ)」という網目模様が名前の由来。カキツバタは外側の花びらのつけ根に白いすじがある。ドイツアヤメ（ジャーマンアイリス）はきわめて大型。

a アヤメ　b カキツバタ　c ドイツアヤメ

❾ アザミ　　　　　　　　　薊

キク科アザミ属 [花期]晩春〜初夏 [草丈]50〜100cm [花径]4〜5cm

一般的に「アザミ」というと、ノアザミをさす。人里の草地に生える多年草で、葉にトゲがあり、さわると痛い。春咲きのアザミは本種のみ。ドイツアザミは名前と違い、ノアザミの園芸種。茎に翼をつけたヒレアザミは、河原などに生える越年草。アザミはそのトゲで外敵の侵攻から国を守ったとされ、スコットランドの国花となっている。

a ノアザミ　b ドイツアザミ　c ヒレアザミ

難易度 1

⑩ ツバキ　　　　　　　　椿

ツバキ科ツバキ属　[花期] 初冬〜春　**[樹高]** 0.5−5m　**[花径]** 約8cm

日本で最もよく見られるのがヤブツバキ。一重咲きや八重咲き、色も赤、白、ピンク、黄など数多くの種類がある。中心にある筒状のおしべと花のつけ根がつながっているため、散るときは花ごと落ちる。サザンカは花びらが1枚ずつ散るので見分けられる。チャの花は小さいが、よく似ている。

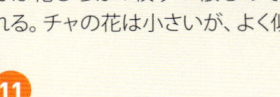

a ヤブツバキ　**b** 黒侘助　**c** チャ　**d** サザンカ

⑪ レンゲソウ　　　　　　蓮華草

マメ科ゲンゲ属　[別名] ゲンゲ（紫雲英）　**[花期]** 春　**[草丈]** 10−30cm　**[花序]** 2−3cm

中国原産の越年草。蝶のような形の花が輪のように集まって咲く。蜜を吸いにきたミツバチが花びらを脚で押すと、おしべとめしべが飛び出し受粉するしくみ。ハチミツの蜜源として利用される。

⑫ ナデシコ（カワラナデシコ）　　撫子（河原撫子）

ナデシコ科ナデシコ属　[花期] 夏〜秋　**[草丈]** 30−80cm　**[花径]** 約4cm

日本原産の多年草で秋の七草の1つ。「枕草子」にも「草の花は撫子」とあるように、古くから愛されてきた。中国原産のセキチクは唐ナデシコとも呼ばれる。園芸種全体をダイアンサスともいう。

a カワラナデシコ　**b** セキチク　**c** ダイアンサス

ひとこと知識

ナデシコ科の花　ナデシコ科は花弁5枚、おしべが5本または10本の車輪形の離弁花をつける。葉が対生するのが特徴。ハコベの花弁は10枚に見えるが、じつは5枚。深い切れ込みがあるので花弁1枚が2枚に見える。

難易度 1 / 難易度 2 / 難易度 3 / 難易度 4

013

Q QUESTION

⑬〜⑱の花の名前を書きましょう。

日本人なら常識です❸

難易度 1

⑬

HINT
- 秋の七草の1つ。
- 根は咳止め、気管支炎の漢方薬としても用いられる。

⑭

HINT
- 古来、人家周辺でよく見られ、「万葉集」にも詠まれる。
- その名は大工の「墨入れ」の形に似ていることに由来するとされる。

⑮

HINT
- 寒さに強く、冬にも花壇や庭先で見かけられる。
- 花の名は、フランス語の「パンセ」(考える) に由来している。
- 日本には江戸時代末期に入り、遊蝶花、胡蝶花と呼ばれた。

16

HINT
- サクラの次の花見といえば、この花という人も多い。
- ラッパ形の花で、街路の植え込みや公園に多く見られる。
- 似た花に「サツキ」があるが、この花とは咲く時期が異なる。

17

HINT
- 朝露にちなんだ名前である。
- アサガオのように、早朝に咲いた花は、昼にはしぼむ。
- 「万葉集」では儚さの象徴として「月草(つきくさ)」と表記された。

18

HINT
- 秋を代表する花として知られる。
- 根は胃病の生薬(しょうやく)に利用されるが、苦く竜の胆(たん)のようだということで、中国では竜胆(リュウタン)といい、それが訛ってこの名になったとされる。

難易度 1

難易度 2

難易度 3

難易度 4

A ANSWER

日本人なら常識です ❸

難易度 1

⑬ キキョウ　　　　桔梗

キキョウ科キキョウ属　[花期] 夏～初秋　[草丈] 50－100cm　[花径] 4－5cm

日当たりのよい山野の草地に生える多年草。茎の先端近くに数個ずつ、青紫色の花を咲かせる。観賞用として多くの園芸種があるが、自生種は絶滅が危惧されている。名前の似たサワギキョウの花は、上2枚下3枚の花びらが特徴。

a キキョウ　b サワギキョウ

⑭ スミレ　　　　菫

スミレ科スミレ属　[花期] 春　[草丈] 7－15cm　[花径] 約2cm

濃い紫色の花をつけ、日本のスミレ類の代表種で、人里に普通に見られる。スミレ類は200種近くあるといわれ、黄色の花をつけるオオバキスミレ、「スミレの女王」と呼ばれるサクラスミレなどがある。

a スミレ　b オオバキスミレ

⑮ パンジー

スミレ科スミレ属　[別名] サンシキスミレ（三色菫）　[花期] 秋～春　[草丈] 10－25cm　[花径] 2－10cm

ヨーロッパで作られた園芸種。色は、紫、白、ピンク、黄、赤など多様で、1輪の花に3つの色をもつことからサンシキスミレともいわれる。一般に小型のものをビオラという。

a b パンジー　c d ビオラ

⑯ ツツジ　　　　　躑躅

ツツジ科ツツジ属　[花期] 春～初夏　[樹高] 0.3－5m　[花径] 2－6cm

日本原産で、常緑性のものと落葉性のものがある。ヤマツツジやミツバツツジなどの自生種をもとに、多くの園芸種が生み出された。葉が小型のサツキは、5月（皐月）ごろから咲き始めるため、その名がついた。

a b c ツツジ　d サツキ

⑰ ツユクサ　　　　　露草

ツユクサ科ツユクサ属　[別名] ツキクサ（月草）　[花期] 初夏～初秋　[草丈] 20－50cm　[花径] 1－1.5cm

日本各地の空地などに生え、ハート形をした藍色の花をつける。ツユクサは一年草だが、同じツユクサ科のムラサキツユクサは北アメリカ原産の多年草。よく見られる帰化植物トキワツユクサの花は小さく白い。

a ツユクサ　b c ムラサキツユクサ　d トキワツユクサ

⑱ リンドウ　　　　　竜胆

リンドウ科リンドウ属　[花期] 秋　[草丈] 20－100cm　[花径] 1－2cm

山野に生える多年草で、観賞用に栽培もされる。やや乾燥した場所を好む。花は長さ5cmほどの釣鐘形で、先端が5つに分かれている。細長い花がまとまってつくフデリンドウは、10枚の花びらのように見える。

ひとこと知識

花弁が合体した花もある　キキョウ、ツツジ、リンドウの花びらはバラバラにならず、5枚の花弁が合体している。このような花を合弁花という。アサガオ、カボチャ、ナスの花も合弁花。アブラナやサクラのように、花弁が1枚ずつはずれる花を離弁花という。

a リンドウ　b フデリンドウ

難易度 1
難易度 2
難易度 3
難易度 4

017

Q QUESTION
⑲〜㉔の花の名前を書きましょう。

花壇や鉢植えでよく見かける花❶

難易度 1

⑲

HINT
- 端午の節句（5月5日）に風呂に入れる草に葉が似ているため、この名がついた。
- 全国で開催される「あやめ祭り」のアヤメは、実はこの花を指すことが多い。

⑳

HINT
- 甘い香りとともに春の訪れを告げる球根植物。花の色は黄色が代表的。
- 「無邪気」や「あどけなさ」など、花言葉に清々しいものが多いためか、よくウエディングブーケに用いられる。

㉑

HINT
- 高さが1〜2m程になる大型のユリ。
- 形が大きくて豪快な様が、その名の由来といわれる。

22

HINT
- ユリに似た花をつけるが、ユリではない。
- ギリシャ神話では、羊飼いの少年アルテオに失恋して自害した娘の血の跡に咲いたといわれる花。娘の名が花の名になった。
- この花の名前がタイトルになった有名な童謡がある。

23

HINT
- ギリシャ神話では美少年アドニスが死んだときに、美の女神アフロディーテが流した涙から生まれた花ともされる。
- その色から、血と生命の象徴とされる。
- ギリシャ語で「風」を意味し、英名をウィンドフラワーという。

24

HINT
- ラッパ、クチベニなどの種類がある。
- 水辺の仙人の姿にたとえられたという説のある名。
- 葉がニラに似ているが、強い毒があるので食べてはいけない。

難易度 1
難易度 2
難易度 3
難易度 4

A ANSWER

花壇や鉢植えでよく見かける花 ❶

難易度 1

⑲ ハナショウブ　　花菖蒲

アヤメ科アヤメ属　[花期]夏　[草丈]40－100cm　[花径]約10cm

野生種のノハナショウブが改良されたもの。アヤメやカキツバタと似ているが、花のつけ根に黄色のすじがあるのが特徴。端午の節句に用いられるのはサトイモ科のショウブ、鮮やかな黄色に咲くのはキショウブ。

a ハナショウブ　**b** ノハナショウブ　**c** キショウブ

⑳ フリージア

アヤメ科アサギスイセン属　[別名]アサギスイセン（浅黄水仙）　[花期]春　[草丈]30－90cm　[花径]2－6cm　[花序]10cm程度

南アフリカ原産の球根植物。日本に渡来したのは明治時代で、現在は八丈島での栽培が有名。交配が進み、花色は、白や黄色、薄紫などさまざま。咲き方も、一重咲きや八重咲きがあり、下から順に咲く。

㉑ オニユリ　　鬼百合

ユリ科ユリ属　[花期]夏　[草丈]1－2m　[花径]約10cm

花びらは6枚でオレンジ色。濃い紫色の斑点が多くあり、花の中心近くに小さな突起を数個つける。根はヤマユリ同様、ユリ根として食用となる。海岸に自生する多年草。中国渡来説もある。よく似たコオニユリは、葉腋にムカゴができない。

a オニユリ　**b** コオニユリ

ひとこと知識

ガクと花弁が区別できない花もある　P20～21にある6つの花は、すべてガクと花弁が区別できない。普通、ガクは緑色で、幼い花を包み保護しているが、これらの種では花弁のような色があり、昆虫を誘っている。オニユリでは外側の3枚がガクに当たる。アネモネのつぼみを包んでいるのは葉。

22 アマリリス

ヒガンバナ科ヒッペアストルム属　[花期] 春〜夏　[草丈] 40−60cm　[花径] 10−15cm

南アメリカ原産の球根植物。以前はヒガンバナ科アマリリス属に分類されていた名残で、「アマリリス」と呼ばれている。本来のアマリリスはベラドンナリリー（ホンアマリリス）という別の花。

23 アネモネ

キンポウゲ科イチリンソウ属　[別名] ハナイチゲ、ボタンイチゲ（牡丹一華）　[花期] 春　[草丈] 25−40cm　[花径] 3−10cm

地中海沿岸原産の球根植物。1本に1つの花をつけ、黒いおしべとめしべが特徴的。葉はニンジンのように細かく切れ込みがある。花びらのように見えるのはガクで、本来の花びらはない。

24 スイセン　水仙

ヒガンバナ科スイセン属　[別名] ニホンスイセン　[花期] 冬〜春　[草丈] 20−40cm　[花径] 2.5−4cm

スイセンの学名ナルキッススは、ギリシャ神話の美少年ナルキッソスが水に映った自分の姿に見とれて溺れ死に、その跡に咲いたのがスイセンだったという話に由来する。地中海沿岸が原産の球根植物。海岸に自生するニホンスイセンも古く中国を経由して渡来したといわれる。ラッパズイセン、キズイセン、クチベニズイセンなど多くの種類がある。

a ニホンスイセン　　b クチベニズイセン　　c ラッパズイセン

難易度 1
難易度 2
難易度 3
難易度 4

Q QUESTION

㉕〜㉚の花の名前を A 〜 C の中から選びましょう。

花壇や鉢植えでよく見かける花 ❷

難易度 2

25

HINT
南米では古くから薬用、儀式用として使われてきたためか、その花の名はラテン語の"salvo（救う）"に由来している。

A ラベンダー
B サルビア
C シソ

26

HINT
ハスに似た花が水面に浮かんで咲く。

A スイレン
B レンゲソウ
C ボタン

27

HINT
ギリシャ神話の、アポロンの投げた円盤が当たって死んだ美少年の名に由来。流した血の跡に咲いたといわれるが、花の多くは青色。

A ヒヤシンス
B ルピナス
C ストック

28

HINT
花の形を見れば納得のネーミング。北海道を代表する花。

- A ツリガネソウ
- B アマドコロ
- C スズラン

29

HINT
日本舞踊に、この花の名にちなんだ有名な演目がある。日本人の苗字にもよく使われる。

- A ライラック
- B サルスベリ
- C フジ

30

HINT
名前は、水辺に咲くその花を、恋人のために摘もうとした男性が川に落ち、溺れながら私を忘れないでほしいと言い残したという伝説にちなむ。

- A オオイヌノフグリ
- B アジサイ
- C ワスレナグサ

難易度 1
難易度 2
難易度 3
難易度 4

A ANSWER

花壇や鉢植えでよく見かける花 ❷

難易度 2

25 **B** サルビア　　緋衣草

シソ科アキギリ属 [別名] ヒゴロモソウ [花期] 晩春～秋 [草丈] 30－80cm [花序] 15cm以上

ブラジル原産の多年草だが、日本では冬は枯れてしまうので一年草。花は 2、3 日で散るが、花びらと同じ色のガクが残っているため、長く咲いているように見える。紫色のブルーサルビアもよく植えられる。

a サルビア　**b** ブルーサルビア

26 **A** スイレン　　睡蓮

スイレン科スイレン属 [花期] 初夏～初秋 [草丈] 30－40cm [花径] 3－10cm

熱帯産と温帯産がある。熱帯産は茎を水面の上に伸ばし、温帯産は水面に接して花が咲くのが特徴。よく似たヒツジグサは、日本に唯一野生する、スイレンでは最も小型の種類である。

a スイレン（熱帯産）　**b** スイレン（温帯産）　**c** ヒツジグサ

27 **A** ヒヤシンス　　風信子

ユリ科ヒヤシンス属 [花期] 春 [草丈] 20－30cm [花径] 3－4cm [花序] 10－20cm

地中海沿岸を原産とする多年草。ギリシャ神話に登場する美少年ヒュアキントスにその名を由来している。花の色は青、紫、ピンク、赤、白など多彩で、八重咲きの品種もある。風信子という和名は、春先、芳香を風に乗せるように漂わせることが由来。

ひとこと知識

花が集まってつくものがある　スイレンの花は 1 個ずつつくが、サルビアやヒヤシンスの花は多数が茎の先に集まってつく。このように花が集まってつく茎の先端部を花序（かじょ）という。フジの花は穂となって垂れ下がるが、この穂も多数の花がついた枝、つまり花序である。

28
C スズラン　　　　　　　鈴蘭

ユリ科スズラン属 [花期] 春〜夏 [草丈] 15－35cm [花径] 約1cm

名前にランとあるが、ユリ科の植物。一般に見られるのはドイツスズランで、花茎が葉より長く、香りが強い。一方、日本の野生種は、花も小ぶりで、花茎は葉の高さより低い。名前も形もよく似たスズランズイセン（スノーフレーク）はヒガンバナ科。

a スズラン　b スズランズイセン

29
C フジ（ノダフジ）　　　　藤

マメ科フジ属 [花期] 晩春〜初夏 [樹高] 10m以上 [花径] 1.5－3cm [花序] 20－30cm

日本原産の落葉性のツル植物。一般的にはノダフジのことをフジという。ノダフジ系は左巻き、ヤマフジ系は右巻きにツルを伸ばす。丈夫なツルは古来より縄やかご細工に利用され、万葉の古(いにしえ)から歌にも詠まれてきた。

a ノダフジ　b ヤマフジ

30
C ワスレナグサ　　　　　勿忘草

ムラサキ科ワスレナグサ属 [花期] 春〜夏 [草丈] 15－30cm [花径] 約1cm

ヨーロッパ原産の越年草。英名の「フォーゲット・ミー・ノット」に由来する。つぼみのうちは淡いピンクから紫色で、花が咲くと空色になる。中心部は黄色。園芸種には、白やピンクの花もある。また、帰化植物となり、明るい湿地に自生する。

難易度 1 / 難易度 2 / 難易度 3 / 難易度 4

025

Q QUESTION
31〜36の花の名前をA〜Cの中から選びましょう。

花壇や鉢植えでよく見かける花❸

難易度 2

31
HINT
別名は中国の武将項羽（こうう）が愛した絶世の美女、虞美人に由来している。英語ではポピー。

A ヒナゲシ
B ヒナギク
C アネモネ

32
HINT
クリスマスシーズンから正月にかけての室内の鉢花として人気。

A アマリリス
B シクラメン
C フリージア

33
HINT
この植物の野生種を発見したドイツ人ゲルベルにちなんだ名前。

A ヒマワリ
B ガザニア
C ガーベラ

34

HINT
黄色に輝く花のイメージから「聖母マリアの黄金の花」と呼ばれてきた。

- A マリーゴールド
- B ガーベラ
- C タンポポ

35

HINT
サクラを思わせる花がじゅうたんのように群がって咲くのが名前の由来。

- A サクラソウ
- B シバザクラ
- C オオイヌノフグリ

36

HINT
花が終わると白い綿毛のついた種子が球状につく。

- A タンポポ
- B ヒナギク
- C ノゲシ

難易度 1
難易度 2
難易度 3
難易度 4

A ANSWER

花壇や鉢植えでよく見かける花 ❸

31
A ヒナゲシ　　雛罌粟

ケシ科ケシ属 [別名] グビジンソウ、ポピー [花期] 晩春〜初夏 [草丈] 50−100cm [花径] 5−7cm

ヨーロッパ中部原産で、この仲間をポピーともいう。葉やつぼみは毛におおわれている。明るいオレンジ色一色のハナビシソウも美しい。最近は、細長い実をつける帰化植物のナガミヒナゲシをよく見かけるようになった。

a ヒナゲシ　**b** ナガミヒナゲシ　**c** ハナビシソウ

32
B シクラメン

サクラソウ科シクラメン属 [別名] ブタノマンジュウ（豚饅頭）、カガリビバナ（篝火花）[花期] 晩秋〜春 [草丈] 15−20cm [花径] 3−8cm

地中海東部原産の球根植物。葉1枚につき花芽を1つつけるので、葉が多いほど花も多くなる。日本では、室内で楽しむ園芸種が主だが、最近では戸外でも越冬できる小輪のガーデンシクラメンが出まわるようになった。

難易度 2

33
C ガーベラ

キク科オオセンボンヤリ属 [別名] アフリカセンボンヤリ、ハナグルマ [花期] 春〜秋 [草丈] 30−50cm [花径] 5−12cm

南アフリカ原産の多年草。ポピュラーな花だが、その歴史は浅く、発見されてからまだ100年ほど。切れ込みのある葉が根もとにつき、花茎が数本立ち上がる。花が終わると次の芽が生長して開花する。キクと同様、1つの花に見えるのは、小さな花の集まり。

34 Ⓐ マリーゴールド

キク科タゲテス属　[別名]センジュギク（千寿菊）　[花期]初夏〜秋　[草丈]20－80cm　[花径]2－10cm

中南米原産の一年草。花びらが筒状に丸くなり、花径が10cmにもなるアフリカン・マリーゴールドと、背丈が低く花びらが平らに開くフレンチ・マリーゴールドと、これらの交雑種がある。葉の匂いにはくせがあり、虫よけになる。

a b c フレンチ・マリーゴールド　d アフリカン・マリーゴールド

35 Ⓑ シバザクラ　芝桜

ハナシノブ科フロックス属　[別名]モスフロックス　[花期]春　[草丈]10－15cm　[花径]約2cm

北アメリカ原産の多年草。別名モスフロックス。「モス」はコケを意味する。同属のフロックスと花の形がよく似ているが、シバザクラは草丈が低い。

a b シバザクラ　c フロックス

36 Ⓐ タンポポ（セイヨウタンポポ）　蒲公英

キク科タンポポ属　[花期]ほぼ通年　[草丈]10－30cm　[花径]3.5－5cm

ヨーロッパ原産の多年生帰化植物で都市部に多く見られる。カントウタンポポやカンサイタンポポなどの在来種との違いは、総苞が反り返っている点。最近は在来種と帰化種の雑種が増えているという。

ひとこと知識

キク科の花も花序　タンポポの「花びら」にはおしべ、めしべがあり、一輪の花は200個ぐらいの小さな花（小花）の集まり、つまり花序である。頭状花序あるいは頭花と呼ばれ、ガクのような部分は総苞という。キク、コスモス、ヒマワリなどキク科の特徴である。

a セイヨウタンポポ　b カントウタンポポ（在来種）

難易度 1 / 難易度 2 / 難易度 3 / 難易度 4

Q QUESTION
㊲〜㊷の花の名前を A 〜 C の中から選びましょう。

花壇や鉢植えでよく見かける花❹

難易度 2

37

HINT
花見の花に似た花が咲く草。そのものズバリ。

- A サクラソウ
- B シバザクラ
- C オオイヌノフグリ

38

HINT
鉢植えにして正月に飾られるので「元日草（がんじつそう）」の名もある。春を告げるめでたい花。

- A フキノトウ
- B タンポポ
- C フクジュソウ

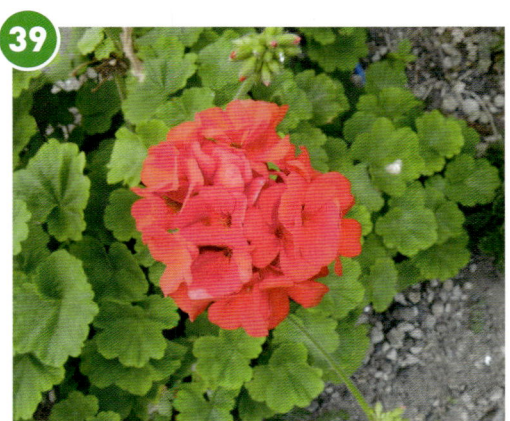

39

HINT
ヨーロッパでは窓辺を飾る鉢植えの花の定番。

- A ゼラニウム
- B サクラソウ
- C スミレ

40

HINT
1982年リリース、松田聖子のシングル「赤い〇〇〇〇〇〇〇」が出た当時、この花の赤い品種は存在しなかったという。

- A シクラメン
- B スイートピー
- C サルビア

41

HINT
メキシコの国花。花の形からテンジクボタンとも呼ばれる。

- A ガーベラ
- B ダリア
- C アリッサム

42

HINT
想像上の鳥、鳳凰が飛ぶ姿に見立てられた名前。

- A ツリフネソウ
- B ホウセンカ
- C キンギョソウ

難易度 1
難易度 2
難易度 3
難易度 4

A ANSWER

花壇や鉢植えでよく見かける花 ❹

難易度 2

37
A サクラソウ 　　桜草

サクラソウ科サクラソウ属 [花期] 春 [草丈] 15－40cm [花径] 2－3cm

日本・朝鮮半島・中国東北部原産の多年草。花の形がサクラに似ていることが名前の由来だが、サクラと違い、花びらは元でくっついて筒状になっている。近年自生のものが少なくなり、絶滅が危惧されている。

38
C フクジュソウ 　　福寿草

キンポウゲ科フクジュソウ属 [花期] 春 [草丈] 15－30cm [花径] 3－4cm

黄金色で春いちばんに咲くため、新年を祝う花としてこの名がついた。くもりの日や寒い日は花を閉じてしまうが、気温が上がると花を開く。利尿や強心などの薬用としても使われる。フキの花であるフキノトウも、早春の花として同じようなイメージをもつ。

a フクジュソウ　**b** フキ

39
A ゼラニウム

フウロソウ科テンジクアオイ属 [別名] テンジクアオイ（天竺葵）[花期] ほぼ通年 [草丈] 30－50cm [花径] 約3cm

南アフリカ原産の多年草。葉がツタに似て、茎が這うように伸びるものをアイビーゼラニウムという。

a b c ゼラニウム　**d** アイビーゼラニウム

ひとこと知識

マメ科の花　マメ科の花は左右対称で、蝶に似るので蝶形花と呼ばれる。真ん中の目立つ1枚の花弁（旗弁）を前翅、左右にある翼弁を後翅、その間の舟弁（竜骨弁）を胴体とみなす。舟弁は2枚が舟のように合体し、おしべとめしべを包んでいる。

⑩ B スイートピー

マメ科レンリソウ属 [別名] ジャコウエンドウ（麝香豌豆）**[花期]** 晩春〜初夏 **[草丈]** 0.3－2m **[花径]** 約5cm

その名は、英語で「甘い香りのする豆」という意味。香りがよいので、香水の原料にも使われている。シチリア島原産の一年草。品種改良により、黄色以外のほとんどの色が揃っている。

㊶ B ダリア

キク科ダリア属 [別名] テンジクボタン（天竺牡丹）**[花期]** 初夏〜晩秋 **[草丈]** 0.3－2m **[花径]** 2－26cm

メキシコからアンデス山脈にかけてが原産の多年草。その名は、メキシコからスペインに送られた種子を開花させた植物学者アンデルス・ダールの名をとったもの。中心に筒状花が集まり、そのまわりを舌状花が囲む。多くの品種があるが、カクタス咲き、デコラ咲き、ポンポン咲きが人気。

a デコラ咲き **b** 一重 **c** カクタス咲き **d** ポンポン咲き

㊷ B ホウセンカ　鳳仙花

ツリフネソウ科ツリフネソウ属 [別名] ツマクレナイ、ツマベニ **[花期]** 夏〜秋 **[草丈]** 30－70cm **[花径]** 3－4cm

東南アジア原産の一年生園芸植物。花は左右対称の独特な形で距がある。別名の「ツマクレナイ」「ツマベニ」は、この花びらで爪を染めたことに由来する。花は葉のつけ根近くに数個ずつ咲き、実は熟すと勢いよく弾け、種子を飛ばす。よく似たツリフネソウは、湿った草地に自生する一年草で、赤紫色の花をつける。

a ホウセンカ **b** ツリフネソウ

難易度 1 / 難易度 2 / 難易度 3 / 難易度 4

Q QUESTION
㊷〜㊽の花の名前を A 〜 C の中から選びましょう。

木に咲く身近な花 ❶

難易度 2

43

HINT
実は熟しても口を開かないため、この名前がつけられたという。

- A バラ
- B ハス
- C クチナシ

44

HINT
香木の沈香（じんこう）のような甘い香りで、チョウジに似た花をつけるため、この名がついた。

- A アジサイ
- B ツバキ
- C ジンチョウゲ

45

HINT
桜が散った後は庭園の花木の主役となる。秋の鮮やかな紅葉をめでる人も多い。

- A ドウダンツツジ
- B レンギョウ
- C スズラン

46

HINT
枝は横に伸びてしだれ、小さな白い花が集まって咲く様子から名づけられた。

- A ユキヤナギ
- B オカトラノオ
- C サルスベリ

47

HINT
枝の先に小花が球形または半球形に集まって咲く様子から名づけられた。

- A アジサイ
- B コデマリ
- C ユキヤナギ

48

HINT
滋賀県や福島県の県花、ネパールの国花でもある。

- A ツツジ
- B シャクヤク
- C シャクナゲ

A ANSWER

木に咲く身近な花 ❶

難易度 2

43 C クチナシ　　梔子

アカネ科クチナシ属　[別名]ガーデニア　[花期]夏　[樹高]1－2m　[花径]5－8cm

日本原産の常緑低木。花は純白で甘い香りを放ち、特に夜、香りを強く感じさせる。一重咲きのほかに八重咲きもあり、ヨーロッパではランやバラが一般的になる前はコサージュやブーケの花として用いられた。実は、薬用や染料、食用色素として使われている。

a クチナシ（八重）　**b** クチナシの実

44 C ジンチョウゲ　　沈丁花

ジンチョウゲ科ジンチョウゲ属　[花期]春　[樹高]約1m　[花径]0.5－3cm　[花序]3－5cm

中国原産の常緑低木。早春に咲く花の香りが香木の沈香に、十字形に開く花の形がチョウジに似ていることからついた名前。花びらはなく、ガクが花びらのように発達した。雄株と雌株があり、雌株は花が終わった後に赤い実をつける。対照的に、秋の香りの代表がキンモクセイ。

a ジンチョウゲ　**b** キンモクセイ

45 A ドウダンツツジ　　灯台躑躅

ツツジ科ドウダンツツジ属　[花期]春　[樹高]1－2m　[花長]0.7－0.8cm　[花序]4－6cm

日本原産の落葉低木。枝のつきかたが三本脚の灯明台に似ていることから「灯台躑躅」という和名がつけられ、それが「ドウダン」に変化したとされる。白いつぼ形の花がたくさん咲く様子から、「満天星」と書くこともある。秋には葉が真紅に紅葉する。赤花のサラサドウダンもある。

a ドウダンツツジ　**b** サラサドウダン

036

㊻ A ユキヤナギ　　雪柳

バラ科シモツケ属　[花期] 春　[樹高] 1−2m
[花序] 10−40cm

最近では日本原産とする説が有力の落葉低木。根もとから多くの枝を出して茂る。細枝に白い花がびっしりついて垂れ下がる姿を、雪をかぶったヤナギに見立てた名前。よく似たものにシジミバナがあるが、こちらは花が八重になる。

a ユキヤナギ　b シジミバナ

㊼ B コデマリ　　小手毬

バラ科シモツケ属　[別名] スズカケ　[花期] 春
[樹高] 約1.5m　[花序] 2.5−3cm

中国原産の落葉低木。あまり日ざしの強くない日陰の場所を好む。丸い花序が鈴のようにも見えるので、「スズカケ」という別名もある。オオデマリは名前は似ているが、スイカズラ科の花で、花序も大きく、径5〜10cmある。

a コデマリ　b オオデマリ

㊽ C シャクナゲ　　石楠花

ツツジ科ツツジ属　[花期] 春〜初夏　[樹高]
1.5−7m　[花径] 3−5cm

中国・ヒマラヤ原産の常緑低木。ツツジの仲間だが、より派手で大きな花に特徴がある。ホンシャクナゲやアズマシャクナゲなどの自生種のほか、セイヨウシャクナゲなどの園芸種も多く作られ、種類が豊富。

ひとこと知識

これも花序　コデマリは小さな花が「手まり」のように集まって咲く。前年の枝からごく短い枝が生じ花をつける。この手まり状の花の集まりが1個の花序。ジンチョウゲやシャクナゲの花序も似ている。

a b シャクナゲ　c アズマシャクナゲ　d セイヨウシャクナゲ

難易度 1 / 難易度 2 / 難易度 3 / 難易度 4

Q QUESTION

49〜54の花の名前をA〜Cの中から選びましょう。

木に咲く身近な花❷

難易度 2

49

HINT
色が似ているため、江戸時代、小判をこの花にたとえることがあった。

- A フクジュソウ
- B タンポポ
- C ヤマブキ

50

HINT
アメリカ合衆国を代表する花木。日本でも街路樹としてよく見かける。

- A コブシ
- B ハナミズキ
- C トケイソウ

51

HINT
海岸の砂地に咲く野生のバラ。

- A ハマナス
- B ハマユウ
- C サザンカ

52

HINT
樹皮がツルツルしているため、そう呼ばれるようになった。

- A ツツジ
- B ヤエザクラ
- C サルスベリ

53

HINT
1977年に発売された千昌夫のシングルレコード「北国の春」にて、「白樺 青空 南風、○○○咲く あの丘 北国の……」と歌われた花。

- A ツツジ
- B コブシ
- C ツバキ

54

HINT
夜になると葉が閉じてしまうため、そう呼ばれるようになった。

- A ネムノキ
- B ハナズオウ
- C オジギソウ

難易度 1
難易度 2
難易度 3
難易度 4

A ANSWER

木に咲く身近な花 ❷

49
C ヤマブキ 山吹

バラ科ヤマブキ属 [花期]春 [樹高]1－2m [花径]3－5cm

日本原産の落葉低木。細くしなやかな枝が風にゆれる様子を「山振（やまぶり）」と呼んだのが名前の由来。花は鮮やかな黄金色の花びらが5枚。ヤエヤマブキと呼ばれる八重咲きは、おしべやめしべまで花びら状になるが、そのため実はできない。

a ヤマブキ　b ヤエヤマブキ

50
B ハナミズキ 花水木

ミズキ科ヤマボウシ属 [花期]春 [樹高]5－12m [花径]6－8cm

北アメリカ原産の落葉高木。明治時代に日本から贈ったソメイヨシノの返礼として渡来した。花びらのように見える4枚は、葉が変化したもので、白や淡い紅色がある。中心の黄緑色のものが本当の花。

51
A ハマナス 浜茄子

バラ科バラ属 [花期]晩春～夏 [樹高]1－1.5m [花径]6－8cm

海岸に自生し、植栽もされる落葉低木。ナシに似た風味の果実からハマナシと呼ばれたのが名前の由来。北海道の花に指定されている。根は染料に、花は香料に、果実はジャムなど食用にされる。

難易度 **2**

ひとこと知識

バラ科の花　車輪形（放射相称）の花の代表が、ヤマブキ、ハマナスなどのバラ科である。花弁5枚、おしべがたくさんあり、実ができるまでガクが残っていたら、バラ科と考えてよい。花弁5枚、おしべ多数の花はキンポウゲ科にもあるが、こちらはガクが早く落ちる。

a b ハマナス　c ハマナス（果実）

52 C サルスベリ　　　百日紅

ミソハギ科サルスベリ属 [花期] 夏 [樹高] 5－10m [花径] 3－4cm [花序] 15－30cm

中国原産の落葉高木。猿も滑り落ちるくらい木肌が滑らかなことからこの名がついた。百日紅（ひゃくじつこう）は、花期が長く、赤い花が100日も咲き続けることから。花の色は赤以外に、白、紫、ピンクなどがある。

53 B コブシ　　　辛夷

モクレン科モクレン属 [別名] タウチザクラ [花期] 春 [樹高] 3－20m [花径] 7－10cm

日本原産の落葉高木。果実の形がゴツゴツしていて、指をにぎりしめた拳に似ていることが名前の由来。葉より先に白や薄紅色の花が咲く。よく似たシデコブシは花びらのように見える花被片（かひへん）が多く、12枚から18枚つく。タムシバは、コブシと似ているが、花の下に葉がつかない。

a コブシ　b タムシバ　c シデコブシ

54 A ネムノキ　　　合歓木

ネムノキ科ネムノキ属 [花期] 夏 [樹高] 10－15m [花径] 3－5cm

日当たりのよい湿地を好む落葉高木。夜になると、葉が眠ったように閉じることからこの名がついた。ピンク色の絹糸のようなおしべをもつ、小さな花が集まっていることから、英名では「シルクツリー」と呼ばれる。花が咲くのは、夕方やくもりの日。果実は豆のさやの形をしている。同じネムノキ科の草、オジギソウも、葉の形が少し似ていて、さわると葉が閉じて下に垂れる。

a ネムノキ　b オジギソウ

難易度 1　難易度 2　難易度 3　難易度 4

Q QUESTION
55～60の花の名前をA～Cの中から選びましょう。

野原や林でよく見られる花

55

HINT
葉が夜に閉じる様子が、半分虫に食われたように見えることからつけられた名といわれている。

- A カタバミ
- B サクラソウ
- C スズラン

56

HINT
白い花びらの中央には黄色いすじが入り、えんじ色の斑点が散る。日本原産で山野などに自生する。

- A ヤマユリ
- B オニユリ
- C ウバユリ

難易度 2

57

HINT
やわらかな毛に包まれた優しい姿。ゴギョウの別名で春の七草の1つとしても知られる。

- A ナズナ
- B アブラナ
- C ハハコグサ

58

HINT
秋分の頃に咲くのが名前の由来。曼珠沙華とも呼ばれる。

- A ノビル
- B シャクヤク
- C ヒガンバナ

59

HINT
強烈なにおいは毒草を思わせるが、民間でよく利用される薬草である。

- A ミズバショウ
- B ドクダミ
- C ヤマボウシ

60

HINT
かつてはこの植物の鱗茎からデンプンを採って料理に使った。

- A スイセン
- B カタクリ
- C キキョウ

難易度 1
難易度 2
難易度 3
難易度 4

A ANSWER

野原や林でよく見られる花

55

A カタバミ
片喰
酢漿草

カタバミ科カタバミ属 [花期] 春〜秋 [草丈] 10−30cm [花径] 約1cm

黄色い小さな花をつける多年草。夜になると葉を内側に閉じる様子からこの名がついた。蓚酸という酸を含み、かむと酸っぱい。かつてはこの酸で真鍮や鉄器などを磨いて手入れしたという。紫色の花をつけるムラサキカタバミは帰化植物。花が密集して半球状に咲くイモカタバミは、葯が黄色で中心部が濃い赤。

a カタバミ　b ムラサキカタバミ　c イモカタバミ

56

A ヤマユリ
山百合

ユリ科ユリ属 [別名] ヨシノユリ、エイザンユリ [花期] 夏 [草丈] 100−150cm [花径] 約20cm

日本原産の多年草。花びらが6枚あるように見えるが、外側の3枚はガクが花弁化したもの。ヤマユリやカノコユリは、カサブランカをはじめとする園芸種のオリエンタルハイブリッドの原種となっている。

a ヤマユリ　b ササユリ　c カノコユリ

難易度 2

57

C ハハコグサ
母子草

キク科ハハコグサ属 [別名] ゴギョウ（御形） [花期] 春 [草丈] 15−40cm [花序] 2−3cm

日本全土に分布し、道ばたや畑のまわりでふつうに見られる越年草。茎や葉には白くやわらかい毛がある。若い芽や葉は七草がゆに入れるなど、食用とされることもある。黄色い花をつけるが、よく似たチチコグサの花は赤茶色。

a ハハコグサ　b チチコグサ

044

58

C ヒガンバナ 彼岸花

ヒガンバナ科ヒガンバナ属 [別名] **マンジュシャゲ** [花期] 秋 [草丈] 30−50cm [花径] 5−7cm [花序] 約20cm

中国原産の球根植物。6枚の細長い花びらは、初めまっすぐに伸び、やがて外側に反り返り、おしべとめしべが突き出る。葉は、花が散った後に出てくる。花びらの幅が広い白花のシロバナマンジュシャゲ、黄色のショウキズイセンも同じ仲間。

a ヒガンバナ　**b** シロバナマンジュシャゲ　**c** ショウキズイセン

59

B ドクダミ 蕺草

ドクダミ科ドクダミ属 [別名] **ジュウヤク** [花期] 晩春〜夏 [草丈] 30cm [花径] 2−3cm

独特の臭気から「毒溜め」が転じてこの名前となったとの説もある。別名の「ジュウヤク」は、10種類の薬効があるという意味。白い花びらに見えるのは総苞といい、中央の棒状のものが本物の花（小花の集合）。

60

B カタクリ 片栗

ユリ科カタクリ属 [花期] 早春〜夏 [草丈] 10−20cm [花径] 4−6cm

山野に群生する多年草。春一番に美しい薄紫色の花を咲かせる。鱗茎には良質のデンプンを含み、元来、片栗粉はそれを原料としたもの。葉は山菜として食べられる。

ひとこと知識

ユリ科とヒガンバナ科の花 ユリ科とヒガンバナ科はよく似ている。ともにガクが花弁化して区別できず、6枚の「花びら」の外側の3枚がガクに当たる。違うのは子房の位置で、ユリ科は子房が「花びら」の上にあり（子房上位）、ヒガンバナ科は下にある（子房下位）。

難易度 1 / 難易度 2 / 難易度 3 / 難易度 4

Q QUESTION
61～66の花の名前をA～Cの中から選びましょう。

花の形が特徴的で、覚えやすい名前の花 ❶

難易度 2

61

HINT
身近なある物の形に似ていることから名づけられた。

- A アサガオ
- B クレマチス
- C トケイソウ

62

HINT
昔の子どもは、ある虫をこの花の中に入れて遊んだという。

- A ホタルブクロ
- B リンドウ
- C ツリガネソウ

63

HINT
着物を着て、花笠をかぶって踊っている姿に似ているため、その名がついた。

- A オオイヌノフグリ
- B ギボウシ
- C オドリコソウ

64

HINT
花の形を生き物の姿や口の形にたとえている。

- A キンギョソウ
- B タチアオイ
- C ペチュニア

65

HINT
花が茎に螺旋状に巻きつく様子が名前の由来。

- A スズラン
- B ネジバナ
- C シラン

66

HINT
可憐な花だが、茎や葉を傷つけると臭いにおいがする。

- A カスミソウ
- B ヘクソカズラ
- C スイカズラ

A ANSWER

花の形が特徴的で、覚えやすい名前の花 ❶

難易度 2

61
C トケイソウ　　時計草

トケイソウ科トケイソウ属［別名］パッションフラワー［花期］夏［花径］約10cm

ブラジル原産のツル植物。花びらを文字盤に、おしべとめしべを時計の針に見立ててつけられた名前。クダモノトケイソウの果実はパッションフルーツの名で知られる。

62
A ホタルブクロ　　蛍袋

キキョウ科ホタルブクロ属［花期］夏〜秋［草丈］40−80cm［花径］約2cm

林縁に自生する多年草。名の由来は、花の中に蛍を入れる遊びからという説と、「火垂る袋」（提灯）にたとえられたという説がある。花の色は白から薄い紅紫など。よく似た南ヨーロッパ原産の園芸種フウリンソウは、花が斜め上向きに咲く。

63
C オドリコソウ　　踊子草

シソ科オドリコソウ属［花期］春〜初夏［草丈］30−50cm［花序］3−4cm

林縁に自生する多年草で、沖縄を除く日本各地に分布。花は白とピンクのものがある。近似種のヒメオドリコソウは、ヨーロッパ原産の帰化植物で、道ばたなどでよく見られ、草丈も花もずっと小さい。

ひとこと知識

葉のつき方も重要　葉が茎につくところを節という。多くの植物は節につく葉が1枚なので、互い違いに葉がつく格好になり、これを互生という。一方、シソ科のオドリコソウのように、節に2枚の葉が向かい合ってつく場合は対生といい、3枚以上の場合は輪生という。これらは植物を見分ける重要な特徴。

---

a **b** ホタルブクロ　**c** フウリンソウ

a オドリコソウ　**b** ヒメオドリコソウ

64

A キンギョソウ　　金魚草

ゴマノハグサ科キンギョソウ属 [花期] 春 [草丈] 15−120cm [花序] 10−40cm

南ヨーロッパや北アフリカ原産の一年草。花の形が金魚のようなのでこの名がついた。イギリスでは竜に見立てて「スナップドラゴン」、ドイツやフランスでは「ライオンの口」と呼ばれている。一重咲きや八重咲きのほか、花が上下に開くペンステモン咲きなど種類が豊富。

65

B ネジバナ　　捩花

ラン科ネジバナ属 [別名] モジズリ（捩摺）[花期] 晩春〜秋 [草丈] 10−40cm [花序] 5−15cm

日本原産の多年草。花が螺旋状にねじれて咲くのでついた名前。別名のモジズリは、「捩摺」というねじり模様に染めた織物に由来する。巻き方は、右巻き、左巻きの両方ある。ランの仲間であるため、その特徴である唇弁（唇の形に似た花びら）がある。感じが似ているものにタデ科のミズヒキがある。花の上半分が赤く、下半分が白いので、水引きにたとえたもの。

a ネジバナ　b ミズヒキ

66

B ヘクソカズラ　　屁糞葛

アカネ科ヘクソカズラ属 [別名] ヤイトバナ（灸花）[花期] 夏〜初秋 [花長] 1cm

ツル性の多年草。葉をもむと悪臭を放つことが名前の由来。花の中心が赤いのをヤイト（お灸）に見立ててヤイトバナともいう。子どもは花に唾液をつけ、鼻にくっつけて遊んだ。

難易度 1
難易度 2
難易度 3
難易度 4

Q QUESTION

67～72の花の名前をA～Cの中から選びましょう。

花の形が特徴的で、覚えやすい名前の花❷

難易度 2

67

HINT
細い葉が、ある木の葉に似ている。

- A マツバギク
- B ガーベラ
- C マーガレット

68

HINT
江戸時代、財布を「○○○○○」と呼んでいた。その財布の形に似た袋のような花。

- A キンチャクソウ
- B ホタルブクロ
- C ペチュニア

69

HINT
源義経の愛した人、○○○御前が舞う姿に見立てた名といわれている。

- A ヒトリシズカ
- B オオバコ
- C オカトラノオ

70

HINT
船を停めておくのに必要な道具に花の形が似ている。

- A トケイソウ
- B ネジバナ
- C イカリソウ

71

HINT
古代エジプトのツタンカーメン王の棺の中に供えられていた。

- A ヤグルマギク
- B ダリア
- C トケイソウ

72

HINT
複雑な形の花を、昔、機織りに使われた糸巻きに見立てた名。

- A オドリコソウ
- B カキツバタ
- C オダマキ

A ANSWER

花の形が特徴的で、覚えやすい名前の花❷

⑰ Ⓐ マツバギク　　松葉菊

ハマミズナ科マツバギク属 [花期] 春〜夏 [草丈] 10−30cm [花径] 2−3cm

南アフリカ原産の多年草。マツ葉のような形の多肉質の葉をつけ、キクによく似た花を咲かせることからこの名がついた。花は、晴れた日は開くが、くもりの日や夜間は閉じる。

⑱ Ⓐ キンチャクソウ　　巾着草

ゴマノハグサ科キンチャクソウ属 [別名] カルセオラリア [花期] 晩冬〜晩春 [草丈] 20−30cm [花径] 1.2−2cm

アンデス地方原産の多年草。別名カルセオラリアともいい、スリッパを意味するラテン語「カルセオルス」に由来している。いくつかの原種が交配されて現在の園芸種ができた。おもに鉢植えとして利用される。

⑲ Ⓐ ヒトリシズカ　　一人静

センリョウ科チャラン属 [花期] 晩春 [草丈] 15−30cm [花序] 1−2cm

低山に生える多年草。花序が一本伸びた姿を、義経を思う静御前に重ね合わせた名前。白い部分は花びらではなく、おしべの一部が伸びたもの。よく似たフタリシズカは、花序が2本または3本ある。

難易度 2

ひとこと知識

距をもつ花　イカリソウやオダマキの花には後方に伸びた細長い袋があり、これを距（きょ）という。雄鶏のケヅメに似ることに由来。距は蜜を溜めているので、ハナバチ類やスズメガなど長い口をもつ昆虫が訪れる。スミレ属やサギソウにも距がある。

ａ ヒトリシズカ　ｂ フタリシズカ

70 C イカリソウ　　　錨草

メギ科イカリソウ属 [花期] 春 [草丈] 約30cm [花径] 約2cm

低山に生える多年草。花の形が船のいかりに似ているのが名前の由来。花は、赤紫が多いが、白もある。種子にはアリが好むエライオソームという白い粒がついていて、種子が地上に落下した後、アリによって運ばれる。強壮薬としても古くから使われている。

71 A ヤグルマギク　　　矢車菊

キク科ヤグルマギク属 [別名] ヤグルマソウ、セントウレア [花期] 初夏 [草丈] 80－90cm [花径] 4－5cm（頭花）

ヨーロッパ原産の一年草。花の形が鯉のぼりのさおの先につける矢車に似ていることが名前の由来。「ヤグルマソウ」とも呼ぶが、同じ名で日本の山地に自生するユキノシタ科の多年草と区別して、本種をヤグルマギクと呼ぶ。人類が花としてめでた古い歴史がある。ドイツ、エストニアの国花。

a b ヤグルマギク　c ヤグルマソウ

72 C オダマキ　　　苧環

キンポウゲ科オダマキ属 [花期] 晩春 [草丈] 20－50cm [花径] 約4cm

日本原産のミヤマオダマキ系と、ヨーロッパなどが原産のセイヨウオダマキ系がある。多年草。花の形が、苧環という、紡ぎ糸を巻く糸巻きに似ていることからこの名がついた。真ん中におしべとめしべがあり、それを5枚の花びらが取り囲む。いちばん外側の花びらに見えるのはガク。花の後ろに長い距が伸びている。

a ミヤマオダマキ系　b c d セイヨウオダマキ系

QUESTION

73〜78の花の名前をA〜Cの中から選びましょう。

花壇や鉢植えでよく見かける花❺

難易度 3

73

HINT
紫色の花をつけることがその名の由来。ただし、名前を聞かれて、この名だけを言うと、誤解を受ける可能性がある。

A カタクリ
B ネジバナ
C シラン

74

HINT
白い小さな花が群がって咲く様子は、春の霞を連想させる。

A シバザクラ
B カスミソウ
C アリッサム

75

HINT
ホウセンカの仲間なので、種子は熟すと勢いよく弾け飛ぶ。

A ニチニチソウ
B インパチエンス
C マリーゴールド

76

HINT
強い芳香を放つ種類があるため、ギリシャ語の"moschos（じゃ香）"にその名を由来する。

- A ムスカリ
- B ヒヤシンス
- C クロッカス

77

HINT
オオカミを意味するラテン語 lupus に由来。やせた土地にも生えるたくましさから名づけられたといわれる。

- A ルピナス
- B クレオメ
- C ダチュラ

78

HINT
ある鳥が羽を広げた姿にそっくり。

- A サギソウ
- B トキソウ
- C カラスノエンドウ

難易度 1
難易度 2
難易度 3
難易度 4

A ANSWER

花壇や鉢植えでよく見かける花 ❺

73 C シラン　　紫蘭

ラン科シラン属 [花期] 晩春～初夏 [草丈] 30－70cm [花径] 約5cm

日本原産のラン。紫色なのでこの名がついた。紫のほか、白い花のシロバナシランや葉に斑が入るフイリシランなどがある。根茎を乾燥させたものは、止血、解毒などの生薬として用いられる。日本のランとしては、クリーム色や薄緑色のシュンランもよく見られる代表的なものである。

a シラン　b シロバナシラン　c シュンラン

74 B カスミソウ　　霞草

ナデシコ科カスミソウ属 [別名] ギプソフィラ、ジプソフィラ [花期] 春～夏 [草丈] 30－70cm [花径] 約1.3cm

小さな花がたくさんついているのを霞がたなびく様子に見立ててこの名がついた。英名を「ベビーブレス」(赤ちゃんの吐息)という。花色は白、赤、ピンクなど。八重咲きもある。花の形がそっくりだが、大きなものに、同じ仲間のムギセンノウ（ムギナデシコ）がある。

a カスミソウ　b ムギセンノウ

75 B インパチエンス

ツリフネソウ科ツリフネソウ属 [別名] アフリカホウセンカ [花期] 初夏～秋 [草丈] 約30cm [花径] 2.5－5cm

熱帯アフリカ原産の一年草。名前は「我慢できない」という意味のラテン語から。熟した果実に触れると破裂し、勢いよく種子が飛び出す様子からついた。花がより大きいニューギニアインパチエンスは20世紀後半に広まった。

a b インパチエンス　c d ニューギニアインパチエンス

難易度 3

76

A ムスカリ

ユリ科ムスカリ属 [花期] 春 [草丈] 約15cm [花序] 2－8cm

地中海沿岸、南西アジア原産の球根植物。香りのよさから、その名は「じゃ香」を意味するギリシャ語のムスクに由来。つぼ形の小花が集まり、ブドウの房のようになる。

77

A ルピナス

マメ科ルピナス属 [別名] ノボリフジ [花期] 春～初夏 [草丈] 60－100cm [花径] 約2cm [花序] 16－24cm

フジの花を逆さにしたような形から、「ノボリフジ」という別名がある。ラテン語で「オオカミのような」の意味をもつ名前。

78

A サギソウ　　　　　鷺草

ラン科ミズトンボ属 [花期] 夏 [草丈] 15－40cm [花径] 約3cm

日本原産のラン。湿原に生える多年草。花の形が、羽を広げて飛ぶシラサギに似ていることからこの名がついた。日当たりのよい湿地に生えるが、数が減り、絶滅が危惧されている。同じように鳥の名前がついたランにトキソウがあるが、こちらはとき色（薄い朱色）の花をつけるため。

ひとこと知識

ラン科の花　ラン科の花で最も目立つのは唇弁と呼ばれる花弁で、シランのように模様があるものや、サギソウのように変わった形をしているものがある。サギソウの唇弁には距があり、蜜を溜める。唇弁の両側に2枚の側花弁があり、子房下位。ガク片3枚は花弁化している。

a サギソウ　b トキソウ

難易度 1
難易度 2
難易度 3
難易度 4

Q QUESTION

79〜84の花の名前をA〜Cの中から選びましょう。

花壇や鉢植えでよく見かける花 ❻

難易度 3

79

HINT
茎は高く伸び、縦に並んで花をつける。

- A ハマナス
- B ボタン
- C タチアオイ

80

HINT
花柱が糸状に長く伸びるため、ギリシャ語の"croke（糸）"がその名の由来とされる。

- A クロッカス
- B カタクリ
- C ムスカリ

81

HINT
つぼみが、橋の欄干にあるネギのような形の「擬宝珠」という飾りに似ている。

- A ギボウシ
- B オニユリ
- C ホタルブクロ

058

82

HINT
「最初」を意味するラテン語が語源とされる。早春、先駆けて花を咲かせるため。

- A パンジー
- B アジサイ
- C プリムラ

83

HINT
ワイシャツや修道女の服の襟を連想させるためにその名がついた。

- A カラスビシャク
- B カラー
- C ヒメユリ

84

HINT
もとは葉を観賞する古典的な園芸植物だった。

- A テッポウユリ
- B クンシラン
- C アマリリス

難易度 1
難易度 2
難易度 3
難易度 4

A ANSWER

花壇や鉢植えでよく見かける花 ❻

⑳ C タチアオイ　立葵

アオイ科ビロードアオイ属　[別名]ハナアオイ
[花期]晩春～夏　[草丈]2－3m　[花径]5－10cm

中央アジア原産の多年草。茎がまっすぐ高く伸びることが名前の由来。イラクの洞窟から5万年前のネアンデルタール人の埋葬骨と一緒に花粉が発見されており、人類が古くから愛した花の1つである。ハーブティーに使われる赤紫色の花のウスベニアオイも同じ仲間。ゼニアオイはその変種で、茎に毛がない。

a タチアオイ　**b** ウスベニアオイ　**c** ゼニアオイ

⑳ A クロッカス

アヤメ科クロッカス属　[花期]春　[草丈]5－10cm　[花径]3－5cm

地中海地方原産の球根植物。丈は低く、早春にいち早く咲く。黄色、白、紫などの品種がある。葉はマツ葉のように細い。めしべが染料や香料に使われるサフランは秋に咲き、赤いめしべが長く伸びる。ともに、おしべは3本。イヌサフランはユリ科で、おしべは6本、全体が有毒である。

a クロッカス　**b** イヌサフラン　**c** サフラン

㉑ A ギボウシ　擬宝珠

ユリ科ギボウシ属　[花期]夏　[草丈]30－45cm　[花径]1－2cm

ギボウシ属の総称。つぼみ（開花前の花序）が橋の欄干の「擬宝珠」という飾りに似ていることから名づけられた。葉の形や色などさまざまな園芸種が作られ、観葉植物として知られている。野生種にコバギボウシ、オオバギボウシがあり、後者の若葉は山菜のウルイとして食用になる。

a コバギボウシ　**b** オオバギボウシ

難易度 3

82 C プリムラ

サクラソウ科サクラソウ属　[花期] 春〜夏　[草丈] 10－30cm　[花径] 2－8cm

一般に、日本原産のサクラソウに対して、外国産のものを「プリムラ」と呼ぶ。ヨーロッパ原産のものからプリムラ・ポリアンサが、中国原産のものからプリムラ・オブコニカの系統ができた。早春、ほかの花に先駆けて咲くので、ラテン語の「最初の」という意味の「プリマ」からこの名がついた。その種類は500以上ある。

a **b** プリムラ・ポリアンサ　**c** **d** プリムラ・オブコニカ

83 B カラー　阿蘭陀海芋（オランダカイウ）

サトイモ科オランダカイウ属　[別名] オランダカイウ　[花期] 春〜夏　[草丈] 20－150cm

南アフリカ原産の多年草。白い部分は苞で、その中の黄色い穂が花序である。園芸種はピンク、黄色など多色。同じサトイモ科のミズバショウも花がよく似ている。

a カラー　**b** ミズバショウ

84 B クンシラン　君子蘭

ヒガンバナ科クンシラン属　[花期] 春　[草丈] 40－50cm　[花径] 約3cm

南アフリカ原産の多年草。名前に「ラン」とつくが、ヒガンバナ科の植物。花は筒状で6枚の花びらがある。株の中心から左右2方向にだけ、厚く長い葉が出るのが特徴。

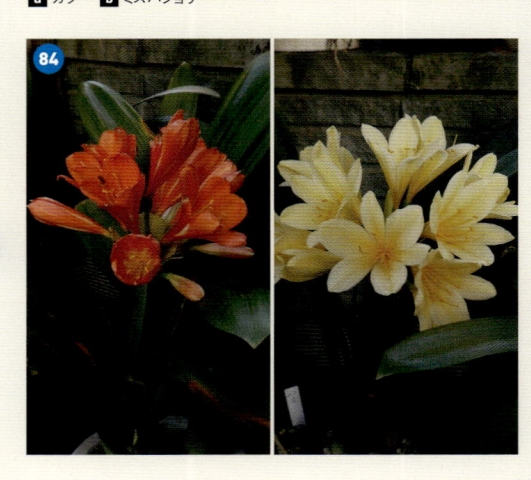

ひとこと知識

花びらの役目をする葉　カラーの純白の「花びら」は、実は花弁ではない。ろうと状に巻いた葉の変形物である。中心にある黄色の棒のようなものは、小さな花の集まり、つまり花序。ミズバショウやポインセチアも同様に葉が白や赤に色づき、昆虫を誘う働きをしている。

難易度 1　難易度 2　難易度 3　難易度 4

Q QUESTION

㊉～㉚の花の名前を A ～ C の中から選びましょう。

木に咲く身近な花 ❸

85

HINT

その名は青色を意味するペルシャ語に由来するという説がある。

- A アジサイ
- B フジ
- C ライラック

86

HINT

木に咲くハスという意味。

- A タイサンボク
- B モクレン
- C コブシ

難易度 3

87

HINT

植物学者エイブル（Abel）氏の名前から名づけられた。

- A アベリア
- B リンドウ
- C スズラン

88

HINT
中国名は「木槿」。

A ハイビスカス
B ムクゲ
C フヨウ

89

HINT
花が終わった後の枝が魔女のほうきに使われていたといわれる。

A エニシダ
B キンチャクソウ
C マンサク

90

HINT
3月3日は「○○の節句」。

A サクラ
B モモ
C ウメ

難易度 1
難易度 2
難易度 3
難易度 4

A ANSWER

木に咲く身近な花 ❸

難易度 3

85
C ライラック

モクセイ科ハシドイ属　[別名] ムラサキハシドイ、リラ　[花期] 初夏　[樹高] 約5m　[花径] 1－2cm　[花序] 10－20cm

ヨーロッパ原産の落葉高木。ライラックは英語名、リラはフランス語名。花によい香りがあるため、花から精油をとり、香水などの原料にしていた。札幌市では市の木に指定されている。

86
B モクレン　　　木蓮

モクレン科モクレン属　[別名] シモクレン　[花期] 春　[樹高] 約5m　[花径] 約10cm

中国原産の落葉高木。ハスのように美しい花が咲く木を表した名前。花びらが濃い紫なので、白いハクモクレン（白木蓮）と区別して、シモクレン（紫木蓮）ともいう。花に芳香がある。

a モクレン　b ハクモクレン

87
A アベリア

スイカズラ科ツクバネウツギ属　[別名] ハナツクバネウツギ　[花期] 春～秋　[樹高] 約2m　[花径] 約1cm

タイワンツクバネウツギと中国産の野生種を交配して作られた落葉低木。暑さや寒さ、乾燥や排気ガスなどに強いので、街路樹や生け垣としてよく使われる。ろうと形の小花が次々と咲く。ツクバネウツギは低山に生え、花は薄黄色。

a アベリア　b ツクバネウツギ

88 **B** ムクゲ　　　　　　　　　槿

アオイ科フヨウ属　[花期]夏〜秋　[樹高]約3m　[花径]5−6cm

中国産の落葉低木。中国名の「木槿」の音読み「モクゲ」が変化した。花は、咲くとその日にしぼむ一日花だが、翌日には新しい花を咲かせる。同じ仲間にハイビスカス、フヨウ、オクラなどがある。韓国の国花。

a ムクゲ　**b** オクラ　**c** フヨウ　**d** ハイビスカス

89 **A** エニシダ　　　　　　　金雀児／金雀枝

マメ科エニシダ属　[別名]エニスダ、コモンブルーム　[花期]初夏　[樹高]約2m　[花径]約2cm

ヨーロッパ原産の落葉低木。名前は、オランダ語のヘニスタが訛ったものといわれる。枝を束ねてほうきを作っていたので、英語の"broom（ブルーム）"はエニシダとほうきと2つの意味がある。

90 **B** モモ　　　　　　　　　桃

バラ科サクラ属　[花期]春　[樹高]2−5m　[花径]3−5cm

赤い実「燃実（もえみ）」が変化して「モモ」になったとされる。モモは邪気をはらう神聖な植物であるとされ、「桃の節句」や「桃太郎」の名前の由来になったという説がある。ハナモモは花の観賞目的に作られた改良品種。

ひとこと知識

モモ、ウメ、サクラの違い　この3種は同じサクラ属で似ている。花弁の形が違い、サクラはハート形、ウメは円く、モモはとがっている。また、サクラの花は長い柄があり数個集まって咲くが、ウメとモモの花は柄がほとんどなく、ウメは1個ずつ、モモは2個ずつつく。

a モモ　**b** ハナモモ

難易度 1 ／ 難易度 2 ／ 難易度 3 ／ 難易度 4

Q QUESTION

91〜96の花の名前をA〜Cの中から選びましょう。

木に咲く身近な花 ❹

難易度 3

91

HINT
毒があり、馬が食べると酔って足がなえるといわれている。

- A ホタルブクロ
- B ツリガネソウ
- C アセビ

92

HINT
中国名「木瓜」の音読みが次第に変化したといわれている。

- A ウメ
- B ボケ
- C モモ

93

HINT
白い頭巾の真ん中から丸い坊主の頭が出ているとして、その様子を比叡山延暦寺の法師に見立てた。

- A ヤマボウシ
- B ハナミズキ
- C ウツギ

94

HINT
葉は竹のように細長く、花はモモの花に似ているために、その名があてられた。

- A サザンカ
- B ボタン
- C キョウチクトウ

95

HINT
春、最初に咲くのでつけられた名という説もある。

- A レンギョウ
- B マンサク
- C モクレン

96

HINT
梅雨時に咲き、カタツムリと一緒に描かれることが多い。

- A コデマリ
- B ライラック
- C アジサイ

難易度 1
難易度 2
難易度 3
難易度 4

A ANSWER

木に咲く身近な花 ❹

91

C アセビ　　　馬酔木

ツツジ科アセビ属 ［花期］春 ［樹高］1.5－4m ［花序］10－15cm

日本原産の常緑低木。庭木としてよく植えられるが、有毒で、葉を煎じたものは殺虫剤となる。花は白いつぼ形で、枝先に集まってつき、春にうなだれるように咲く。

92

B ボケ　　　木瓜

バラ科ボケ属 ［花期］早春 ［樹高］1－2m ［花径］2.5－4cm

中国原産の落葉低木。小さい瓜のような果実のなる木なのでこの名がついた。花は、赤、白、同じ木に赤と白の両方咲くものなど、さまざま。同じボケ属のクサボケは、高さが1m以下で草のように見える。

a b ボケ　c d クサボケ

93

A ヤマボウシ　　　山法師

ミズキ科ヤマボウシ属 ［花期］晩春～夏 ［樹高］10m ［花径］10－20cm

日本原産の落葉高木。白い花びらに見えるのは、葉が変化したもの。ハナミズキと似ているが、ヤマボウシは苞の先がとがっている。また、葉と花が同時に見られる点でも区別できる。苞がピンクのものもある。

難易度 3

ひとこと知識

1つの花に化けた花序　ヤマボウシの「花びら」は葉の変形物（総苞片）で、中心に丸く集まっているのが花。花序が1つの花の働きをしている。ガクアジサイの花序も同様で、周縁の花（装飾花）が花弁の役割をしている。手まり形のアジサイはすべての花が装飾花になった園芸品。

94 C キョウチクトウ　夾竹桃

キョウチクトウ科キョウチクトウ属 [花期] 夏〜初秋 [樹高] 2−4m [花径] 4−5cm [花序] 10−15cm

インド原産の常緑樹。中国名「夾竹桃」を音読みにした名。花はモモに似て、葉は竹のように細いことが由来。大気汚染に強く、道路脇によく植えられる。枝葉を折ると出る白い液は有毒。

95 B マンサク　万作

マンサク科マンサク属 [花期] 春 [樹高] 約5m [花長] 約2cm

低山に生える落葉小高木。名前は、早春、いちばんに花を咲かせるので「まず咲く」からついたとも、黄金色の花から豊年満作を連想したともいわれている。葉より先に花が咲く。最近は常緑樹の近縁種トキワマンサクや花が赤いベニバナトキワマンサクが人気。

a マンサク　b ベニバナトキワマンサク

96 C アジサイ　紫陽花

ユキノシタ科アジサイ属 [別名] セイヨウアジサイ [花期] 夏 [樹高] 約1.5m [花径] 3−6cm

よく見られるのは、日本原産のガクアジサイを改良したセイヨウアジサイ。花びらのように見えるのはガクで、装飾花という。それらが集まって花房(花序)を形成する。ガクアジサイは周囲に装飾花があり、真ん中にあるのが本当の花。イワガラミは周囲に装飾花の花弁状のガクが1枚だけつく。

a セイヨウアジサイ　b イワガラミ　c ガクアジサイ

Q QUESTION
97〜102の花の名前をA〜Cの中から選びましょう。

木に咲く身近な花 ⑤

難易度 3

97

HINT
花の色が日本の伝統色「蘇芳（すおう）」に似ていることから、その名がついた。

- A ハナズオウ
- B ハナノキ
- C モモ

98

HINT
早春に、明るい黄色の花が若い枝に連なるように咲く。

- A マンサク
- B ロウバイ
- C レンギョウ

99

HINT
花や葉、樹の姿などが大きくて立派であったため、中国の霊山になぞらえて称えたといわれる。

- A タイサンボク
- B モクレン
- C コブシ

100

HINT
枝の芯が空洞のためにその名がついた。丈夫で神事の杵などに使われてきた。

- A オカトラノオ
- B ウツギ
- C レンギョウ

101

HINT
花びらはろう細工のようで、甘い香りがウメに似ている。

- A シャリンバイ
- B ロウバイ
- C バイカツツジ

102

HINT
「わらべは見たり……」というゲーテの詩にシューベルトが曲をつけた歌で歌われる花と同じ物。

- A ノイチゴ
- B ノイバラ
- C ユキヤナギ

A ANSWER

木に咲く身近な花 ❺

97

A ハナズオウ 花蘇芳

マメ科ハナズオウ属　[花期] 春　[樹高] 約4m　[花長] 約2cm

中国原産の落葉低木。葉に先立って、蝶の形をした紅紫色の小さな花が枝に固まってつく。この花の色を蘇芳という伝統色にたとえて名づけられた。観賞用として庭木に利用される。園芸種に白い花のシロバナハナズオウがある。

a ハナズオウ　b シロバナハナズオウ

98

C レンギョウ 連翹

モクセイ科レンギョウ属　[花期] 早春　[樹高] 約3m　[花径] 2－3cm

中国原産の落葉低木。枝はよく伸びて茂り、地表についたところから根を出して新しい株を増やす。葉が出るより早く、4弁の黄色い花をびっしりとつける。シナレンギョウ、チョウセンレンギョウなどよく似た同属のものがあるが、総称してレンギョウと呼ばれる。

a レンギョウ　b チョウセンレンギョウ

99

A タイサンボク 泰山木

モクレン科モクレン属　[別名] マグノリア　[花期] 晩春～夏　[樹高] 10－20m　[花径] 15－25cm

北アメリカ原産の常緑高木。「泰山」とは高くて大きい山を表す言葉。大きくて、白いよい香りのする花が咲く。厚く光沢のある葉のふちが裏に反り返る。同じ仲間のホオノキは山地に自生する落葉高木で、日本の花木では最大級の白い花をつける。その大きな葉は朴葉味噌に使われる。オガタマノキは暖地に自生する常緑高木。

a タイサンボク　b ホオノキ　c オガタマノキ

難易度 3

100 B ウツギ　空木

ユキノシタ科ウツギ属 [別名] ウノハナ [花期] 晩春〜初夏 [樹高] 2−4m [花径] 約1cm

旧暦の四月（卯月）によい香りの花をつけるので、別名ウノハナ（卯の花）といわれる。おからをウノハナというのも、この花の白さにたとえたため。よく似たヒメウツギ、マルバウツギと合わせて、この3種を一般にウノハナという。

a ウツギ　b マルバウツギ　c ヒメウツギ

101 B ロウバイ　蠟梅

ロウバイ科ロウバイ属 [花期] 冬 [樹高] 2−4m [花径] 約2cm

半透明の花びらがろう細工のようなので、その名がついたという。よい香りのする花やつぼみからは油が採れ、薬用や香水として用いられる。中国原産の落葉高木。暗紅色の花のクロバナロウバイもある。

a ロウバイ　b クロバナロウバイ

102 B ノイバラ　野茨

バラ科バラ属 [花期] 晩春〜初夏 [樹高] 1−2m [花径] 1.8−2.3cm

野生の茨を表した名前。もっともふつうに見られる野生のバラで、園芸種の親となる。秋から冬にかけて赤く丸い実ができる。近縁種のテリハノイバラは葉に光沢があり、丈夫なトゲをもつ。

ひとこと知識

鳥の羽のような葉　バラの葉を1枚採ってみよう。対になった両側の「葉」と先端の1枚をセットにして採ることができただろうか？　このような葉を鳥の羽に見立てて羽状複葉といい、複葉を構成する小さな「葉」を小葉という。

a ノイバラ　b テリハノイバラ

難易度 1 / 難易度 2 / 難易度 3 / 難易度 4

Q QUESTION
103〜108の花の名前をA〜Cの中から選びましょう。

野原や花壇でよく見かける花 ❶

難易度 3

103

HINT
黒蜜をかけきな粉をまぶして食べる餅は、この花の根から採ったデンプンが原料。

- A クズ
- B トチ
- C ワラビ

104

HINT
ツルがどんどん伸びて、何にでもからみついていくことから、天空をしのぐようだと名づけられた。その中国名から。

- A ヘクソカズラ
- B ノウゼンカズラ
- C タチアオイ

105

HINT
水を吸うためについた名とも、子どもが蜜を吸って遊んだからついた名とも。

- A スイカズラ
- B サギソウ
- C スイバ

074

106

HINT
早朝に咲く有名な花に似ているが、こちらは日中に咲くため、この名となった。

- A ヒルザキツキミソウ
- B アサガオ
- C ヒルガオ

107

HINT
熟した種子を潰すと白い粉が出てくるため、女性の化粧道具になぞらえて、その名がついた。

- A オシロイバナ
- B ホウセンカ
- C キョウチクトウ

108

HINT
花の形が風に舞う蝶に似ている。

- A プリムラ
- B クレオメ
- C オダマキ

難易度 1 / 難易度 2 / 難易度 3 / 難易度 4

A ANSWER

野原や花壇でよく見かける花 ❶

難易度 3

103
A クズ　　　葛

マメ科クズ属 [花期] 夏～初秋 [ツル] 約10m
[花序] 15－20cm

秋の七草の1つ。紅紫色の花が穂のように集まって咲く。ツルは長く、10m以上に伸び、海外では侵略的雑草として有名である。根から採れる良質のデンプンは古くから食用とされ、葛根湯などの生薬もこの根を用いている。

104
B ノウゼンカズラ　　　凌霄花

ノウゼンカズラ科ノウゼンカズラ属 [花期] 夏
[ツル] 2－4m [花径] 約6cm

中国原産の落葉樹。庭や垣根に植えられるツル性の木。茎は垂れ下がるが、つぼみは上を向く。花の中心が黄色で外側が赤かオレンジ色のものが多いが、黄色やピンクもある。よく似た花にキンレンカ（ノウゼンハレンまたはナスタチウム）があるが、葉が丸く、ハスの葉に似ているのですぐわかる。

a ノウゼンカズラ　b キンレンカ

105
A スイカズラ　　　吸葛

スイカズラ科スイカズラ属 [別名] ニンドウ（忍冬）[花期] 春～夏 [花径] 3－4cm

子どもたちが、筒状の花びらの奥の甘い蜜を吸ったことから名がついた。冬になっても葉が一部しか落ちず、冬の寒さを耐え忍ぶ様子から「忍冬」という別名もある。白い花は徐々に黄色になる。よく似たものにキンギンボクがあり、こちらは花びらの先が5つに細く分かれている。

a スイカズラ　b キンギンボク

106

C ヒルガオ　　　　昼顔

ヒルガオ科ヒルガオ属　[花期] 夏　[花径] 約5cm

開花するのはアサガオと同じく朝だが、昼になっても花がしぼまないため、この名がついた。海岸に咲くハマヒルガオも同じ仲間。ウリ科のユウガオはヒョウタンと同一種で、夕方に花をつける。その実を細長くけずって干したものがカンピョウ。

a ヒルガオ　b ハマヒルガオ　c ユウガオ

107

A オシロイバナ　　　　白粉花

オシロイバナ科オシロイバナ属　[別名] ユウゲショウ（夕化粧）　[花期] 夏～秋　[草丈] 約1m　[花径] 約3cm

熱帯アメリカ原産の多年草。別名ユウゲショウともいう。マツヨイグサの仲間の帰化植物にもユウゲショウがあるが、こちらは薄ピンクのまったく違う花である。

a b オシロイバナ　c ユウゲショウ

108

B クレオメ

フウチョウソウ科クレオメ属　[別名] セイヨウフウチョウソウ（西洋風蝶草）　[花期] 夏～秋　[草丈] 60－100cm　[花径] 約2cm　[花序] 約10cm

この種の仲間の総称。別名のフウチョウソウは、蝶が風に舞って飛ぶような花の形に見立てた名前。中南米原産の一年草。

ひとこと知識

どれが1枚の葉？　四つ葉のクローバーを探したことがあるだろう。シロツメクサの葉はふつう三つ葉なので四つ葉は珍重される。これは全体が1枚の葉で、小葉が3枚あるので三出複葉という。クレオメのように小葉が多数あり手のひらに似る葉は掌状複葉という。

難易度 1　難易度 2　難易度 3　難易度 4

Q QUESTION

109〜114の花の名前をA〜Cの中から選びましょう。

野原や花壇でよく見かける花❷

難易度 3

109

HINT
ラテン語で"alyssa（怒らない）"という意味の名がつくほど、かわいらしい花。

- A シバザクラ
- B アリッサム
- C アジサイ

110

HINT
タバコの花に似ているため、その名を南米の言葉でタバコを意味するブラジルの現地名「ペチュン」にちなんだ。

- A ペチュニア
- B ハイビスカス
- C ヒルガオ

111

HINT
葉の形が剣に似ているため、古代ローマの短剣にちなんで名づけられた。

- A タチアオイ
- B クレオメ
- C グラジオラス

112

HINT
10月生まれの女の子につけられることのある名。10月を昔の言葉でいうと……?

- A サツキ
- B カンナ
- C アヤメ

113

HINT
初夏から晩秋にかけての長い期間、毎日花が咲く。

- A アサガオ
- B パンジー
- C ニチニチソウ

114

HINT
花も葉も別の植物にたとえて名づけられた。

- A マツバボタン
- B マツバギク
- C ボタン

A ANSWER

野原や花壇でよく見かける花 ❷

難易度 3

109 B アリッサム

アブラナ科ニワナズナ属 [別名] スイートアリッサム、ニオイナズナ [花期] 通年 [草丈] 10－20cm [花序] 2－3cm

地中海原産の一年草。名前は「怒らない」を意味するラテン語。甘い香りがするので、スイートアリッサムとも呼ばれる。花色は、白、ピンク、紫、赤紫など。同じアブラナ科のイベリスも、似た感じに小花が集まって咲くが、こちらは4枚の花びらのうち外側の2枚が大きく、内側の2枚が小さい。

a b アリッサム　c イベリス

110 A ペチュニア

ナス科ペチュニア属 [別名] ツクバネアサガオ（衝羽根朝顔）[花期] 春〜秋 [草丈] 20－40cm [花径] 5－8cm

南アメリカ原産の一年草または多年草。園芸種として色も形も多彩である。ラッパ状の花がアサガオに似ているのでツクバネアサガオという和名がある。日本で作られたサフィニアは、ペチュニアの改良種で、匍匐性がつよく花数が多い。

a b ペチュニア　c d サフィニア

111 C グラジオラス

アヤメ科グラジオラス属 [花期] 夏 [草丈] 45－120cm [花径] 6－15cm

熱帯、南アフリカ原産の球根植物。鋭い葉先が剣のようなので、ラテン語で剣を意味する名（グラディウス）からつけられた。春に咲く種と夏に咲く種があり、花色がきわめて豊富。

112 B カンナ

カンナ科カンナ属 [別名] ハナカンナ、オランダダンドク [花期] 夏〜秋 [草丈] 50－200cm [花径] 約10cm

熱帯原産の球根植物。大きな花びらのように見えるのは、おしべが変化したもの。おしべのつけ根の、ガクのようなものが本当の花びら。

113 C ニチニチソウ　日々草

キョウチクトウ科ニチニチソウ属 [花期] 夏〜秋 [草丈] 15－60cm [花径] 2－3cm

マダガスカル島原産の一年草または多年草。花は短命だが、次から次へと毎日咲くので、この名がついた。よく似たツルニチニチソウはヨーロッパ原産で、紫色の花をつけるツル植物。

a b ニチニチソウ　**c** ツルニチニチソウ

114 A マツバボタン　松葉牡丹

スベリヒユ科スベリヒユ属 [別名] ヒデリソウ [花期] 夏〜初秋 [草丈] 25cm以下 [花径] 3cm以上

ブラジル産の一年草。葉はマツ葉に、花はボタンに似ているのが名の由来。葉が多肉質で乾燥に強く、日照りにも負けないので、別名ヒデリソウという。花がよく似ていて葉が幅広いポーチュラッカや、雑草で黄色の小さな花をつけるスベリヒユも同属。

a b マツバボタン　**c** ポーチュラッカ　**d** スベリヒユ

難易度 1 / 難易度 2 / 難易度 3 / 難易度 4

081

Q QUESTION

115〜120の花の名前をA〜Cの中から選びましょう。

野原や道端でよく見かける花 ❶

難易度 4

115

HINT
サヤの中にグリーンピースに似た小さな豆ができる。熟したサヤが黒いので、ある動物の名がついた。

- A イヌタデ
- B カラスノエンドウ
- C オオイヌノフグリ

116

HINT
その白く可憐な花が、舞い落ちる雪を連想させて名前がつけられた。

- A サギソウ
- B ユキノシタ
- C ユキヤナギ

117

HINT
春に咲くハルジオンに似ているが、つぼみが下を向いていない。

- A ヒメジョオン
- B ヒナギク
- C マーガレット

118

HINT
清純な花に似合わない名前で呼ばれている。

- A ヘクソカズラ
- B カラスビシャク
- C オオイヌノフグリ

119

HINT
江戸時代、舶来のガラス器の詰め物に使われ、明治になってからは牧草として使われた。

- A シロツメクサ
- B コデマリ
- C レンゲソウ

120

HINT
つややかな黄色い花から、キンポウゲ（金鳳花）という別名の方がよく知られている。

- A オカトラノオ
- B オオイヌノフグリ
- C ウマノアシガタ

難易度 1
難易度 2
難易度 3
難易度 4

A ANSWER

野原や道端でよく見かける花 ❶

115
B カラスノエンドウ 烏豌豆

マメ科ソラマメ属［別名］ヤハズエンドウ［花期］初春～初夏［草丈］約1.5m［花径］1－2cm

道端や空き地でよく見られる越年草。スズメノエンドウより大きく、熟した実が黒くなるため、カラスノエンドウと名づけられた。小葉の先がくぼんで矢筈に似ているためにヤハズエンドウという別名をもつ。カラスノエンドウは花が1～3つずつつき、スズメノエンドウは4つずつつく。

a カラスノエンドウ　b カラスノエンドウの実　c スズメノエンドウ

116
B ユキノシタ 雪下

ユキノシタ科ユキノシタ属［花期］初夏［草丈］20－50cm［花径］1.5－2.5cm

岩の間など湿った場所に生える日本原産の多年草。花びらは5枚。上の3枚は小さく、白地に濃い紅色と黄色の斑点があり、下の2枚は細長く白い。葉は肉厚で、食用となるほか、生薬としても用いられている。ヒマラヤユキノシタは葉が肉厚で、5弁のピンクの花がつく。

a ユキノシタ　b ヒマラヤユキノシタ

117
A ヒメジョオン 姫女菀

キク科ヒメジョオン属［花期］夏～秋［草丈］1.5m［花径］約2cm

北アメリカ原産の越年生帰化植物。江戸時代に渡来。茎が空洞でなく、つぼみはピンクをおびず、開花前の茎が直立している点（ハルジオンは下向きにわん曲）がハルジオンとの違い。花期はハルジオンより遅い。古くから栽培されるシオンと花色は違うが、似ていることが名前の由来。

a ヒメジョオン　b ハルジオン　c シオン

難易度 4

118 C オオイヌノフグリ　大犬陰嚢

ゴマノハグサ科クワガタソウ属［別名］瑠璃唐草、天人唐草、星の瞳［花期］春［草丈］15－30cm［花径］約1cm

西アジアからヨーロッパ原産の越年草。2つ並んだような果実を犬のふぐり（睾丸）に見立てたのが名前の由来。花は紫色で花びらは4枚。よく似たタチイヌノフグリは花がずっと小さく、茎が立ち上がる。

a　オオイヌノフグリ　b　タチイヌノフグリ

119 A シロツメクサ　白詰草

マメ科シャジクソウ属［別名］クローバー［花期］晩春～夏［草丈］10－20cm［花序］1.5－2.5cm

ヨーロッパ原産の多年生帰化植物。3枚の小葉をつけるのがふつうだが、4枚のものは「幸せの四つ葉のクローバー」として親しまれている。ムラサキツメクサは、花の色が赤紫で草丈も花も大きい。

a　シロツメクサ　b　ムラサキツメクサ

120 C ウマノアシガタ　馬足形　毛茛

キンポウゲ科キンポウゲ属［別名］キンポウゲ（金鳳花）［花期］春～初夏［草丈］30－60cm［花径］約2cm

人里の草地に生える多年草。花びらにつやがあり、日が当たると光るように見えることから、キンポウゲという別名もある。毒があるので、動物はこの草を食べない。

ひとこと知識

ウマノアシガタの花　花弁5枚、おしべが多数ある点はバラ科に似ているが、ガクが早く落ち果実期に残っていない点が違い、キンポウゲ科である。めしべが多数あり、1個ずつ柱頭や子房がある点が特徴で、原始的とみなされる。

難易度 1　難易度 2　難易度 3　難易度 4

Q QUESTION
121〜126の花の名前を A 〜 C の中から選びましょう。

野原や道端でよく見かける花 ❷

難易度 4

121

HINT
昔からままごと遊びでこの花を赤飯がわりにしたことから、アカマンマという別名で知られる。

- A オカトラノオ
- B オオバコ
- C イヌタデ

122

HINT
春の七草の1つ。秋から春の間に生じる越年草なので、夏にないことに由来する名前との説もある。

- A アリッサム
- B ナズナ
- C カスミソウ

123

HINT
小さな花だが、よく見るとビオラの花に似ている。

- A ツボスミレ
- B シャガ
- C サギソウ

124

HINT
花の形が水をすくう道具に似ている。

- A カラスビシャク
- B ミズバショウ
- C マムシグサ

125

HINT
草丈が高く群生し、黄色い花が泡のように咲く。帰化植物で、日本の秋の風景を一変させた。

- A クサノオウ
- B セイタカアワダチソウ
- C ブタクサ

126

HINT
中国原産のものをテッセン（鉄線）、日本原産のものをカザグルマ（風車）という。

- A クレオメ
- B クレマチス
- C トケイソウ

難易度 1
難易度 2
難易度 3
難易度 4

A ANSWER

野原や道端でよく見かける花 ❷

難易度 4

121 **C** イヌタデ　犬蓼

タデ科イヌタデ属　[別名] アカマンマ　[花期] 夏〜秋　[草丈] 約30cm　[花序] 1−5cm

道ばたや野原に生える一年草。まっすぐな花穂に赤い花をたくさんつける。ふつう、タデといえば食用となるヤナギタデのことで、イヌタデは食用にはならない。染料植物として有名な藍（あい）もこの仲間。

a イヌタデ　b ヤナギタデ

122 **B** ナズナ　薺

アブラナ科ナズナ属　[別名] ペンペングサ　[花期] 春〜初夏　[草丈] 10−50cm　[花序] 1−1.5cm

春の七草の1つ。三角形の実が三味線のバチに似ていることからペンペングサともいう。北アメリカ原産の帰化植物マメグンバイナズナは、全体にナズナより小型で、実は軍配のような形。

a ナズナ　b マメグンバイナズナ

123 **A** ツボスミレ　坪菫

スミレ科スミレ属　[別名] ニョイスミレ　[花期] 春　[草丈] 5−30cm　[花径] 約1cm

東アジアからニューギニアまで広く分布する。小ぶりの白い花が咲く。葉の形はハート形で、仏具の「如意」に似ていることからニョイスミレともいう。同じ仲間のタチツボスミレは淡い紫色から紅紫色の花。

ひとこと知識

スミレの仲間の花　スミレ属の花は左右対称花で独特の形をしている。花弁は5枚で、上側に2枚（上弁）、左右に2枚（側弁）、下側に1枚（下弁）ある。下弁には距があり、2本のおしべから伸びた蜜腺が蜜を分泌する。下弁の模様は、虫に蜜のありかを知らせるサイン。

a ツボスミレ　b タチツボスミレ

124

A カラスビシャク　烏柄杓

サトイモ科ハンゲ属 [花期] 晩春〜晩夏 [草丈] 20－40cm [花序] 1－2cm

細長い苞を柄杓に見立て、カラスが使うような小さな柄杓という意味でこの名がついた。夏の半ばに花をつけるので半夏ともいう。あぜ道や石垣の隙間から生える。東アジア原産の一年草。ウラシマソウ、マムシグサも同じ仲間。

a カラスビシャク　b ウラシマソウ　c マムシグサ

125

B セイタカアワダチソウ　背高泡立草

キク科アキノキリンソウ属 [花期] 秋 [草丈] 1－3m [花序] 10〜50cm

北アメリカ原産の多年草。名前は、背が高いアワダチソウ（在来種アキノキリンソウの別名）の意味。アワダチソウは泡のように花が群がって咲くことから名づけられた。一時期、花粉症の原因とされたが、誤りだとわかった。

a セイタカアワダチソウ　b アキノキリンソウ

126

B クレマチス

キンポウゲ科クレマチス属 [花期] 初夏〜秋 [樹高] 0.5－3m [花径] 6－20cm

ツル性の常緑または落葉性の植物。中国産のテッセン（鉄線）、日本産のカザグルマ（風車）、ヨーロッパ産やその交配種など多様な品種があり、多くは大輪の花を咲かせる。花色は白、藤、紫、赤などで、花芯はクリーム色か白色。おしべ、めしべが立つのが印象的。

a b クレマチス　c テッセン　d カザグルマ

難易度 1 / 難易度 2 / 難易度 3 / 難易度 4

Q QUESTION

127〜132の花の名前をA〜Cの中から選びましょう。

野原や道端で見かける花

難易度 4

127

HINT
花と実がソバによく似ており、溝や湿地に群生することから名づけられた。

- A ミゾソバ
- B ミゾカクシ
- C ミゾホウズキ

128

HINT
葉の形がボタンの葉に似ているところから、名づけられた。

- A マツバボタン
- B キツネノボタン
- C ウマノアシガタ

129

HINT
春の七草の1つで、小鳥に与える青菜としてよく使われる。

- A ナズナ
- B ハコベ
- C セリ

130

HINT
腹痛の薬として飲むと、たちまち治ることからつけられた名前。

- A センブリ
- B ドクダミ
- C ゲンノショウコ

131

HINT
仏殿に垂れ下がっている飾りに似ていることから名前がつけられた。

- A キキョウ
- B ムラサキケマン
- C リンドウ

132

HINT
花時の葉の形を、仏像の蓮華座に見立てた。

- A ホトケノザ
- B ハス
- C オドリコソウ

難易度 1

難易度 2

難易度 3

難易度 4

A ANSWER

野原や道端で見かける花

127
A ミゾソバ　　　溝蕎麦

タデ科イヌタデ属 [別名] ウシノヒタイ [花期] 夏〜秋 [草丈] 30-100cm [花径] 5-8mm

水路などに生える一年草。初夏から旺盛に枝分かれしながら群れて育つので、大きな草むらになる。葉の形が牛の額に似ているため、ウシノヒタイの別名をもつ。花もソバに似ており、花の後、ソバのような実をつける。

a ミゾソバ　b ソバ

128
B キツネノボタン　　　狐牡丹

キンポウゲ科キンポウゲ属 [別名] コンペイトウグサ [花期] 春〜夏 [草丈] 40-60cm [花径] 約1cm

水田の近くなど日当たりのよい湿った場所に生える多年草。有毒植物で、除草時に手がかぶれることがある。別名通りコンペイトウのような形の実をつける。同じキンポウゲ属のタガラシは、より小型の花をつける越年草。

a キツネノボタン　b タガラシ

129
B ハコベ　　　繁縷 / 蘩蔞

ナデシコ科ハコベ属 [別名] ハコベラ [花期] 春〜初秋 [草丈] 10-30cm [花径] 5-7mm

春の七草のハコベラの名で知られており、コハコベのことを指すことが多い。花びらは5枚だが、深く切れ込むので10枚のように見える。よく似たウシハコベは花が大きく、めしべの先端が5本に分かれる（コハコベは3本）。いずれもやわらかく、くせがないので食用になる。

a コハコベ　b ウシハコベ

難易度 4

130 **C** ゲンノショウコ　　現証拠

フウロソウ科フウロソウ属［花期］夏〜秋［草丈］30−50cm［花径］1−1.5cm

道端に生える多年草。煎じて飲むと、腹痛や下痢止めによく効く、昔から親しまれた民間薬。白または濃ピンクの花をつける。同じ仲間に、北海道に生える赤紫色のエゾフウロ、北アメリカ原産の帰化植物アメリカフウロがある。アメリカフウロは白や薄ピンクの小さな花をつける。

a ゲンノショウコ　**b** エゾフウロ　**c** アメリカフウロ

131 **B** ムラサキケマン　　紫華鬘

ケシ科キケマン属［花期］春［草丈］20−50cm［花長］約2cm

郊外の明るい草地に生える越年草。花の形が仏殿に飾られる「華鬘（けまん）」という装飾品に似ているため、その名がついた。草全体が有毒。花が黄色のキケマンもある。

a ムラサキケマン　**b** キケマン

132 **A** ホトケノザ　　仏座

シソ科オドリコソウ属［別名］サンガイグサ［花期］初春〜初夏［草丈］10−30cm［花長］約2cm

道端に生える越年草。2枚の葉が向き合って茎を取り巻く姿を、仏像の蓮華座に見立てた名前。段々につく葉からサンガイグサ（三階草）の別名もある。春の七草のホトケノザはキク科のコオニタビラコ（タビラコ）のことで、別の植物。

ひとこと知識

シソ科の花　ホトケノザ、オドリコソウ、カキドオシなどのシソ科は左右対称の合弁花で、唇の形に見立て唇形花（しんけいか）と呼ばれる。葉は対生（たいせい）で、茎の断面が四角いのも特徴。葉に香りがある。

a ホトケノザ　**b** コオニタビラコ

難易度 1／難易度 2／難易度 3／難易度 4

093

Q QUESTION
133〜138の花の名前をA〜Cの中から選びましょう。

野や山でよく見られる花

難易度 4

133

HINT
並んで咲く花の本数が、そのまま草の名となった。

- A イチリンソウ
- B ヒトリシズカ
- C ニリンソウ

134

HINT
林の下に群生していることが多い。

- A シャガ
- B アヤメ
- C ギボウシ

135

HINT
王様なのか、黄色の汁なのか、名前の由来は諸説。

- A ウマノアシガタ
- B フヨウ
- C クサノオウ

136

HINT
花が夕方に咲き、朝しぼむ。竹久夢二の「宵待草(よいまちぐさ)」はこの花がモデルといわれる。

- A マツヨイグサ
- B フヨウ
- C ユウガオ

137

HINT
茎が地表を這って伸び、垣根を通り抜けて広がることから名づけられた。

- A ジシバリ
- B スミレ
- C カキドオシ

138

HINT
丈の低い草に、かわいらしい花の咲く様子を表した。

- A ハコベ
- B チゴユリ
- C ヒナギク

難易度 1
難易度 2
難易度 3
難易度 4

A ANSWER

野や山でよく見られる花

133 C ニリンソウ　二輪草

キンポウゲ科イチリンソウ属　[花期]早春　[草丈]15－30cm　[花径]約2cm

茎が2本に分かれて、2輪の花を咲かせることからついた名前。まれに1輪や3輪のものもある。アネモネの仲間の多年草。イチリンソウに比べて花が小さい。葉は食用になるが、猛毒をもつトリカブトと似ているので注意。

a ニリンソウ　b イチリンソウ

134 A シャガ　射干

アヤメ科アヤメ属　[花期]春　[草丈]30－70cm　[花径]約5cm

中国原産といわれる。種子ができず、地下茎を四方に伸ばしてふえる。朝開いて夕方しぼむ一日花。ヒメシャガは花が小さく花数も少ない。同じく春、早く咲くアヤメ科の花にイチハツがあるが、こちらは濃い青紫。

a シャガ　b ヒメシャガ　c イチハツ

135 C クサノオウ　草黄

ケシ科クサノオウ属　[花期]晩春～夏　[草丈]30－80cm　[花径]2cm

明るい草地に生える越年草。名前は、葉をもむと黄色の汁が出るため「草の黄」という説と、皮膚が化膿して起こる丹毒に効くという意味で「瘡（できもの）の王」が転じて「クサノオウ」となったという説などがある。

難易度 4

ひとこと知識

アヤメの仲間の花　シャガなどアヤメ属の花は複雑な構造をしている。模様のある大きな3枚の「花びら」はガクに当たり、その内側に3枚の花弁がある。その内側にある「花びら」のようなものはめしべで、花弁とめしべの間に隠れておしべがある。

136

A マツヨイグサ　　待宵草

アカバナ科マツヨイグサ属 [別名] ツキミソウ [花期] 晩春〜晩夏 [草丈] 30－100cm [花径] 3－5cm

南米原産の帰化植物。花は夕方開き、朝にはしぼむ。しぼむと赤っぽい色になる。この仲間を一般に月見草、待宵草という。花の大きいオオマツヨイグサ、白やピンク色のヒルザキツキミソウ、花がしぼんでも赤くならないメマツヨイグサなども同じ仲間。

a マツヨイグサ　b ヒルザキツキミソウ　c オオマツヨイグサ　d メマツヨイグサ

137

C カキドオシ　　垣通

シソ科カキドオシ属 [花期] 春 [ツル] 5－25cm [花長] 1.5－2.5cm

林縁に生える多年草。茎が地表を這い、花が咲いた後に茎がよく伸びるので、垣根を通り抜けるようだとして名づけられた。若葉は食用にもなり、干したものは漢方の強壮薬として利用されてきた。花の形がよく似ているものに、ゴマノハグサ科のムラサキサギゴケやツタバウンランがある。前者は花の中央に黄色に赤茶色の斑点があり、後者は葉の形がツタに似る。

a カキドオシ　b ムラサキサギゴケ　c ツタバウンラン

138

B チゴユリ　　稚児百合

ユリ科チゴユリ属 [花期] 春 [草丈] 15－30cm [花径] 1.5－2.5cm

ユリの仲間の中でもきわめて小さい様子から、「稚児（乳児）」にたとえられた。また、並んで花の咲く様子を、寺院のお祭りで見受けられる「稚児行列」に見立てたという。落葉樹林の木陰に生息する多年草。同じ仲間のホウチャクソウは花が筒状のまま開かず、よく似たアマドコロは、節ごとに白い筒状の花が2つずつ連なって咲く。

a チゴユリ　b ホウチャクソウ　c アマドコロ

難易度 1

難易度 2

難易度 3

難易度 4

097

Q QUESTION

139〜144の花の名前をA〜Cの中から選びましょう。

花壇や鉢植えで見られる花

難易度 4

139

HINT
ニワトリの頭、鶏冠（けいかん）に似ていることから名前がついた。

- A ルピナス
- B ケイトウ
- C アマランサス

140

HINT
一面、この花で紫色となる花畑は、北海道の夏を代表する風景。香水やポプリ、紅茶の香りづけなどに利用される。

- A ラベンダー
- B タイム
- C セージ

141

HINT
ツバメが飛ぶ姿を連想させる花。別名はイルカにちなむ名前。

- A ルピナス
- B ツバメオモト
- C デルフィニウム

142

HINT
その名からは地中海沿岸の国を連想するが、原産地は北アメリカ。

- **A** クリスマスローズ
- **B** カーネーション
- **C** トルコギキョウ

143

HINT
「神聖な植物」を意味する"Verbenaha（ベルベナッハ）"がその名の由来。

- **A** ガーベラ
- **B** バーベナ
- **C** ランタナ

144

HINT
美人をたとえて「立てば〇〇〇〇〇、座ればボタン、歩く姿はユリの花」といわれる。

- **A** シャクナゲ
- **B** シャクヤク
- **C** シャガ

難易度 1
難易度 2
難易度 3
難易度 4

A ANSWER

花壇や鉢植えで見られる花

難易度 4

139
B ケイトウ　　鶏頭

ヒユ科ケイトウ属　[花期]夏～秋　[草丈]20－100cm　[花序]10－40cm

インド、熱帯アジア原産の一年草。ニワトリのとさかに似ていることから「鶏頭」という名がついた。日本には古く中国から渡来し、「万葉集」にも登場する。花色も花形も多くの種類がある。花先がとがっている種類はヤリゲイトウという。

a b ケイトウ　c d ヤリゲイトウ

140
A ラベンダー

シソ科ラヴァンデュラ属　[花期]初夏　[草丈]1－2m　[花序]2－10cm

地中海沿岸原産の多年草。その名はラテン語で「洗う」という意味で、古代ローマ人が浴槽に浮かべて香りを楽しんだことに由来する。甘くやさしい香りは、鎮静作用や疲労を和らげる効果もある。フレンチラベンダーは、花穂の先にウサギの耳のような苞が伸びる。

a ラベンダー　b フレンチラベンダー

141
C デルフィニウム

キンポウゲ科ヒエンソウ属　[別名]オオヒエンソウ（大飛燕草）　[花期]夏　[草丈]30－150cm　[花径]3－4cm　[花序]20－30cm

デルフィニウムは、イルカを意味するギリシャ語（デルフィス）に由来する名前。距をもつつぼみの形がイルカに似ているためといわれる。別名でオオヒエンソウともいい、ツバメの飛ぶ姿にたとえて「飛燕草」と書く。花色は青、白、ピンク。

142 C トルコギキョウ　土耳古桔梗

リンドウ科ユーストマ属［花期］夏［草丈］30－60cm［花径］5－8cm

北アメリカ原産の一年草。名の由来は、花の形がトルコ人のターバンに似ているからとか、花の青紫色がトルコ石のようだとか諸説ある。花色も豊富で八重咲きもある。

143 B バーベナ

クマツヅラ科クマツヅラ属［別名］ビジョザクラ（美女桜）［花期］夏～秋［草丈］30－60cm［花径］1－3cm［花序］5－6cm

一年草と多年草があり、品種の数は200種以上。茎の先端に多数の花がまとまってつく。サクラソウに似た美しい花から、「ビジョザクラ」という別名もある。南米原産。同じ仲間の帰化植物ヤナギハナガサは、伸ばした茎にピンクの小花をつける。

a b バーベナ　c ヤナギハナガサ

144 B シャクヤク　芍薬

ボタン科ボタン属［花期］初夏［草丈］60－80cm［花径］約10cm

花はボタンによく似ている。ボタンの後を追うように咲きはじめる。中国原産の多年草で、紀元前から栽培されていたという。山地で自生するヤマシャクヤクは、花径が5cmほどと小さく、白い。

ひとこと知識

シャクヤクとボタンの違い　シャクヤクは草で茎がツルツルした緑色だが、ボタンは木でコゲ茶色の樹皮がある。シャクヤクの葉は黄緑色で光沢があるのに対し、ボタンの葉は深緑色で粉をふいたような白色を帯び、葉の先端（頂小葉）が3つに分かれている。

a b c シャクヤク　d ヤマシャクヤク

難易度 1
難易度 2
難易度 3
難易度 4

Q QUESTION

145〜150の花の名前をA〜Cの中から選びましょう。

花壇や鉢植え、庭園でときどき見られる花

難易度 4

145

HINT
「死へ送る」を意味する古代インド由来の学名。種子に強い毒がある。

- A クレオメ
- B ルピナス
- C ダチュラ

146

HINT
果実を割ると赤い粒々の果肉が現れる。ガーネットという宝石の名にもなった。

- A ゼラニウム
- B ザクロ
- C マリーゴールド

147

HINT
「冬に咲くバラ」をイメージして名づけられたが、バラではない。

- A クレマチス
- B クリスマスローズ
- C クロッカス

148

HINT
その名は小鳥のような、かわいらしい様子に由来。デージーとも呼ばれる。

- A ガーベラ
- B ヒナゲシ
- C ヒナギク

149

HINT
葉の形も香りも、中華料理などによく使われる野菜に似ている。

- A ハナニラ
- B チゴユリ
- C クレマチス

150

HINT
根に含まれる毒は強く、ミステリー作品にもよく登場する。

- A リンドウ
- B トリカブト
- C キキョウ

難易度 1

難易度 2

難易度 3

難易度 4

A ANSWER

花壇や鉢植え、庭園でときどき見られる花

難易度 4

145 C ダチュラ

ナス科キダチチョウセンアサガオ属 [別名] エンゼルストランペット、キダチチョウセンアサガオ [花期] 春〜秋 [草丈] 1－5m [花長] 15－40cm

ここでは園芸種のキダチチョウセンアサガオのこと。熱帯アジア原産の低木。ラッパ形の花が下向きに咲く。種子以外にも全体に有毒成分を含む。チョウセンアサガオ（朝鮮朝顔）は、横向きから上向きに咲く。

a キダチチョウセンアサガオ　**b** チョウセンアサガオ

146 B ザクロ　　柘榴

ザクロ科ザクロ属 [花期] 夏 [樹高] 7－10m [花径] 約5cm

イラン、インド原産の落葉高木。中国名の石榴（こぶのある木の意味）に由来。古くなると木にこぶがたくさんできる。多数の種子を作るので、豊かさや子孫繁栄のシンボルとされる。

147 B クリスマスローズ

キンポウゲ科ヘレボルス属 [別名] ヘレボルス、フユボタン（冬牡丹）[花期] 冬〜春 [草丈] 15－40cm [花径] 約6cm

クリスマスの頃に美しい花を咲かせるということでついた名前。可憐な姿とは裏腹に、毒性が強い。ヘレボルスという属名でも呼ばれるが、これはギリシャ語で「食べると危険」という意味。5枚の花びらに見えるのはガクである。日本では春咲きのレンテンローズを見ることが多いが、それも含めてクリスマスローズあるいはヘレボルスという。ヨーロッパ原産。

148

C ヒナギク 雛菊

キク科ヒナギク属 ［別名］デージー ［花期］冬
〜夏 ［草丈］10−15cm ［花径］2−8cm

一般にデージーといえばこの花のことで、
「デイズアイ」（太陽の目）が訛ったといわれ
ている。西ヨーロッパ原産。花の形は違
うが、青い花のブルーデージーはルリヒナ
ギクともいい、灌木状になる。

a b ヒナギク　c ブルーデージー

149

A ハナニラ 花韮

ユリ科ハナニラ属 ［花期］早春〜初夏 ［草
丈］10−20cm ［花径］3−4cm

アルゼンチン原産の球根植物。日本には、
江戸時代に渡来した。細長い葉がニラのよ
うで、匂いも似ていることからついた名前。
白または青色の星形の花を次々と咲かせ
る。ニラも同じユリ科で、茎の先に小花を
集めてつける。

a ハナニラ　b ニラ

150

B トリカブト 鳥兜

キンポウゲ科トリカブト属 ［花期］夏〜初秋
［草丈］70−100cm ［花径］3−5cm

草全体に強い毒がある植物として有名。中
国原産の多年草で、植栽され切り花とされ
る。名前は能のかぶり物の鳥兜に花が似る
ことに由来。山地に生えるヤマトリカブト
も毒があり、葉がニリンソウ（p.96）に似て
いるので間違えて食べ、中毒することがあ
る。アイヌの人は根から毒をとり、矢じりに
塗って狩猟を行ったという。

a トリカブト　b ヤマトリカブト

難易度 1 / 難易度 2 / 難易度 3 / 難易度 4

Q QUESTION

151〜156の花の名前をA〜Cの中から選びましょう。

野山でときどき見られる花

151

HINT
花の穂の形を動物のしっぽに見立てた。

- A サルオガセ
- B ネコジャラシ
- C オカトラノオ

152

HINT
同名の鳥が信長、秀吉、家康の性格を表す川柳（せんりゅう）に登場する。

- A ヒヨドリバナ
- B ホトトギス
- C カラスウリ

難易度 4

153

HINT
秋の七草の1つで、女郎花と書く。

- A フジバカマ
- B オミナエシ
- C オトコエシ

154

HINT
その名は秋に鳴く虫に由来するらしい。花屋ではスカビオサといわれることも。

A マツムシソウ
B スズムシバナ
C オケラ

155

HINT
神様が赤い花を集めていたときに、この花が「吾もまた紅なり」と言ったという伝説がある。

A センニチコウ
B ベニバナ
C ワレモコウ

156

HINT
赤い実の色が中国産の朱墨(唐朱)を連想させたという名前の由来説が有力。

A スズメウリ
B カラスウリ
C ニガウリ

難易度 1

難易度 2

難易度 3

難易度 4

A ANSWER

野山でときどき見られる花

151 C オカトラノオ　丘虎尾

サクラソウ科オカトラノオ属 [花期] 夏　[草丈] 60－100cm [花径] 約1cm [花序] 10－30cm

林縁に生える多年草。丘に生え、長い花序の形をトラの尾にたとえたのが名前の由来。花は、片側にかたよってつき、下から咲く。同じ仲間のヌマトラノオは沼地に生え、花の穂がまっすぐ立ち、先が垂れない点が違う。北アメリカ原産のシソ科の園芸種ハナトラノオは、白や薄ピンクの花が列をなしてつく。

a オカトラノオ　b ヌマトラノオ　c ハナトラノオ

152 B ホトトギス　杜鵑

難易度 4

ユリ科ホトトギス属 [花期] 夏～秋　[草丈] 40－80cm [花径] 約2.5cm

林縁に生える多年草。花びらの斑点模様が野鳥のホトトギスの胸の模様と似ていることから名がついた。特徴的な形の花で、花びら6枚が根もとでくっついてふくらみ、飛び出しためしべの先が3つに分かれ、さらにその先が2つに裂ける。花が黄色のものはほとんどがタマガワホトトギス。

a ホトトギス　b タマガワホトトギス

153 B オミナエシ　女郎花

オミナエシ科オミナエシ属 [花期] 晩夏～秋 [草丈] 約1m [花径] 約0.4cm

日当たりのよい山の草地に生える多年草。秋の七草の1つ。小さな黄色い花がたくさん集まって咲く様子からアワバナ（粟花）とも呼ばれる。同じ仲間のオトコエシ（男郎花）は、花の色が白く、花の集まりが大きく、茎も太くて男性的である。どちらもにおいはよくない。

a オミナエシ　b オトコエシ

154

A マツムシソウ 松虫草

マツムシソウ科マツムシソウ属 [花期] 夏～秋 [草丈] 60－90cm [花径] 約4cm [頭花]

細長い花茎の先に淡い赤紫色から青紫色の花が上向きに咲く。中央部は筒状の小花が多数あり、外側の小花は花びらが目立つ。花の後には坊主頭のような丸い実がつく。山地の草原に生える越年草。セイヨウマツムシソウは園芸種が多く、学名のスカビオサの名でも呼ばれる。

a b マツムシソウ　c マツムシソウの実　d セイヨウマツムシソウ

155

C ワレモコウ 吾亦紅

バラ科ワレモコウ属 [花期] 秋 [草丈] 30－100cm [花序] 1－2cm

草地に生える多年草。小さな花が多数集まって、枝先にイチゴのような花穂をつける。小さな花びらに見えるのは4枚のガクで、黒みがかった紅色に色づく。秋らしい風情から、生け花などによく使われる。

156

B カラスウリ 烏瓜

ウリ科カラスウリ属 [別名] タマズサ [花期] 晩夏～初秋 [花径] 7－10cm

人里の林に生える多年草。花びらが、レースのようになるのが特徴。夏の日暮れとともに咲き、短時間で閉じる。同じ仲間のキカラスウリは昼頃まで咲き、花のレース部分は短く、果実は黄色という点が違う。キカラスウリの根からは天瓜粉が採れる。

ひとこと知識

雌花と雄花 植物の多くは両性花だが、カラスウリ、カボチャなどのウリ科には、雌花と雄花がある。雌花にはめしべだけ、雄花にはおしべだけがある。スギやマツにも雌花、雄花がある。

a カラスウリ　b カラスウリの実　c キカラスウリ

難易度 1 / 難易度 2 / 難易度 3 / 難易度 4

INDEX

あ

アイビーゼラニウム	32
アキノキリンソウ	89
アザミ	10,12
アジサイ	67,69
アズマシャクナゲ	37
アセビ	66,68
アネモネ	19,21
アブラナ	6,8
アフリカン・マリーゴールド	29
アベリア	62,64
アマドコロ	97
アマリリス	19,21
アメリカフウロ	93
アヤメ	10,12
アリッサム	78,80
イカリソウ	51,53
イチハツ	96
イチリンソウ	96
イヌサフラン	60
イヌタデ	86,88
イベリス	80
イモカタバミ	44
イワガラミ	69
インパチエンス	54,56
ウシハコベ	92
ウスベニアオイ	60
ウツギ	71,73
ウマノアシガタ	83,85
ウメ	7,9
ウラシマソウ	89
エゾフウロ	93
エニシダ	63,65
オオアラセイトウ	8
オオイヌノフグリ	83,85
オオデマリ	37
オオバキスミレ	16
オオバギボウシ	60
オオマツヨイグサ	97
オガタマノキ	72
オカトラノオ	106,108
オクラ	65
オジギソウ	41
オシロイバナ	75,77
オダマキ	51,53
オトコエシ	108
オドリコソウ	46,48
オニユリ	18,20
オミナエシ	106,108

か

カーネーション	7,9
ガーベラ	26,28
カキツバタ	12
カキドオシ	95,97
ガクアジサイ	69
カザグルマ	89
カスミソウ	54,56
カタクリ	43,45
カタバミ	42,44
カノコユリ	44
カラー	59,61
カラスウリ	107,109
カラスノエンドウ	82,84
カラスビシャク	87,89
カワラナデシコ	11,13
カントウタンポポ	29
カンナ	79,81
キカラスウリ	109
キキョウ	14,16
キケマン	93
キショウブ	20
キダチチョウセンアサガオ	104
キツネノボタン	90,92
ギボウシ	58,60
キョウチクトウ	67,69
キンギョソウ	47,49
キンギンボク	76
キンチャクソウ	50,52
キンモクセイ	36
キンレンカ	76
クサノオウ	94,96
クサボケ	68
クズ	74,76
クチナシ	34,36
クチベニズイセン	21
グラジオラス	78,80
クリスマスローズ	102,104
クレオメ	75,77
クレマチス	87,89
クロッカス	58,60
クロバナロウバイ	73
クンシラン	59,61
ケイトウ	98,100
ゲンノショウコ	91,93
コオニタビラコ	93
コオニユリ	20
コデマリ	35,37
コバギボウシ	60
コハコベ	92
コブシ	39,41

さ

サギソウ	55,57
サクラ	6,8
サクラソウ	30,32
ザクロ	102,104
ササユリ	44
サザンカ	13
サツキ	17
サフィニア	80
サフラン	60
サラサドウダン	36
サルスベリ	39,41
サルビア	22,24
サワギキョウ	16
シオン	84
シクラメン	26,28
シジミバナ	37
シデコブシ	41
シバザクラ	27,29
シャガ	94,96
シャクナゲ	35,37
シャクヤク	99,101
シュンラン	56
ショウキズイセン	45
シラン	54,56
シロツメクサ	83,85
シロバナシラン	56
シロバナハナズオウ	72
シロバナマンジュシャゲ	45
ジンチョウゲ	34,36
スイートピー	31,33
スイカズラ	74,76
スイセン	19,21
スイレン	22,24
スズメノエンドウ	84
スズラン	23,25
スズランズイセン	25
スベリヒユ	81
スミレ	14,16
セイタカアワダチソウ	87,89
セイヨウアジサイ	69
セイヨウオダマキ系	53
セイヨウシャクナゲ	37
セイヨウタンポポ	29
セイヨウマツムシソウ	109
セキチク	13
ゼニアオイ	60
ゼラニウム	30,32
ソバ	92
ソメイヨシノ	6,8

た

ダイアンサス	13
タイサンボク	70,72
タガラシ	92
タチアオイ	58,60
タチイヌノフグリ	85
タチツボスミレ	88
ダチュラ	102,104
タマガワホトトギス	108
タムシバ	41
ダリア	31,33
タンポポ	27,29
チゴユリ	95,97
チチコグサ	44
チャ	13
チョウセンアサガオ	104
チョウセンレンギョウ	72

110

ツクバネウツギ	64	ヒガンバナ	43,45	ムギセンノウ	56
ツタバウンラン	97	ヒツジグサ	24	ムクゲ	63,65
ツツジ	15,17	ヒトリシズカ	50,52	ムスカリ	55,57
ツバキ	11,13	ヒナギク	103,105	ムラサキカタバミ	44
ツボスミレ	86,88	ヒナゲシ	26,28	ムラサキケマン	91,93
ツユクサ	15,17	ヒマラヤユキノシタ	84	ムラサキサギゴケ	97
ツリフネソウ	33	ヒメウツギ	73	ムラサキツメクサ	85
ツルニチニチソウ	81	ヒメオドリコソウ	48	ムラサキツユクサ	17
テッセン	89	ヒメシャガ	96	メマツヨイグサ	97
テリハノイバラ	73	ヒメジョオン	82,84	モクレン	62,64
デルフィニウム	98,100	ヒヤシンス	22,24	モモ	63,65
ドイツアザミ	12	ヒルガオ	75,77		
ドイツアヤメ	12	ヒルザキツキミソウ	97	**や**	
ドウダンツツジ	34,36	ヒレアザミ	12	ヤエザクラ	8
トキソウ	57	フウリンソウ	48	ヤエヤマブキ	40
トキワツユクサ	17	フキ	32	ヤグルマギク	51,53
ドクダミ	43,45	フクジュソウ	30,32	ヤグルマソウ	53
トケイソウ	46,48	フジ	23,25	ヤナギタデ	88
トリカブト	103,105	フタリシズカ	52	ヤナギハナガサ	101
トルコギキョウ	99,101	フデリンドウ	17	ヤブツバキ	13
		フヨウ	65	ヤマザクラ	8
な		フリージア	18,20	ヤマシャクヤク	101
ナガミヒナゲシ	28	プリムラ	59,61	ヤマトリカブト	105
ナズナ	86,88	プリムラ・オブコニカ	61	ヤマハギ	12
ナデシコ	11,13	プリムラ・ポリアンサ	61	ヤマブキ	38,40
ニチニチソウ	79,81	ブルーサルビア	24	ヤマフジ	25
ニューギニアインパチエンス	56	ブルーデージー	105	ヤマボウシ	66,68
ニラ	105	フレンチ・マリーゴールド	29	ヤマユリ	42,44
ニリンソウ	94,96	フレンチラベンダー	100	ヤリゲイトウ	100
ヌマトラノオ	108	フロックス	29	ユウガオ	77
ネジバナ	47,49	ヘクソカズラ	47,49	ユウゲショウ	77
ネムノキ	39,41	ペチュニア	78,80	ユキノシタ	82,84
ノアザミ	12	ベニバナトキワマンサク	69	ユキヤナギ	35,37
ノイバラ	71,73	ホウセンカ	31,33		
ノウゼンカズラ	74,76	ホウチャクソウ	97	**ら**	
ノダフジ	25	ポーチュラッカ	81	ライラック	62,64
ノハナショウブ	20	ホオノキ	72	ラッパズイセン	21
		ボケ	66,68	ラベンダー	98,100
は		ホタルブクロ	46,48	リンドウ	15,17
バーベナ	99,101	ボタン	7,9	ルピナス	55,57
ハイビスカス	65	ホトケノザ	91,93	レンギョウ	70,72
ハギ	10,12	ホトトギス	106,108	レンゲソウ	11,13
ハクモクレン	64			ロウバイ	71,73
ハコベ	90,92	**ま**			
ハス	6,8	マツバギク	50,52	**わ**	
ハナショウブ	18,20	マツバボタン	79,81	ワスレナグサ	23,25
ハナズオウ	70,72	マツムシソウ	107,109	ワレモコウ	107,109
ハナトラノオ	108	マツヨイグサ	95,97		
ハナニラ	103,105	マムシグサ	89		
ハナビシソウ	28	マメグンバイナズナ	88		
ハナミズキ	38,40	マリーゴールド	27,29		
ハナモモ	65	マルバウツギ	73		
ハハコグサ	42,44	マンサク	67,69		
ハマナス	38,40	ミズバショウ	61		
ハマヒルガオ	77	ミズヒキ	49		
ハルジオン	84	ミゾソバ	90,92		
パンジー	14,16	ミヤギノハギ	12		
ビオラ	16	ミヤマオダマキ系	53		

111

[監修者略歴]

森田竜義（もりた たつよし）
1945年兵庫県生まれ。東京大学大学院理学系研究科植物学専門課程博士課程修了。植物分類学、種生物学を専門とし、タンポポの研究で知られる。新潟大学名誉教授。理学博士。
主な著書に『花の自然史』『雑草の自然史』『帰化植物の自然史』（以上、共著、北海道大学出版会）、『アサガオのなかはみずがいっぱい』（福音館書店）、『現代生物学大系 高等植物A』（共著、中山書店）、『花といきもの立体図鑑（Nintendo 3DS）』（監修、任天堂）など。

写真　木原　浩
　　　㈱エディット／平凡社
装幀・デザインDTP　クオルデザイン 坂本真一郎／㈱エディット
編集　㈱エディット

花トレ初級編
これだけは知っておきたい花の名前300

発行日	2013年6月19日　初版第1刷	
	2017年2月1日　初版第4刷	
監　修	森田竜義	
発行者	西田裕一	
発行所	株式会社平凡社	
	〒101-0051　東京都千代田区神田神保町3-29	
	電話 03-3230-6582［編集］03-3230-6573［営業］	
	振替 00180-0-29639	
	ホームページ http://www.heibonsha.co.jp/	
印　刷	株式会社東京印書館	
製　本	大口製本印刷株式会社	

©Heibonsha 2013 Printed in Japan
ISBN 978-4-582-54251-6　NDC分類番号471
A5判（21.0cm）　総ページ112

落丁・乱丁本はお取り替えいたしますので、小社読者サービス係まで直接お送りください（送料小社負担）。